KB236281

和寶貝
吳茱萸
麻黄
半神麴
陳皮

건강조리메신저 차은정 박사의
계절약선 40 膳
추동 편

contents

차 례

계절약선 40膳 추동 편

책을 펴내며...

중국의 고서 '회남자(淮南子)'에서는 "명의는 병의 징후가 없을 때 병을 고치는 사람, 중의는 병의 징후가 있을 때 고칠 수 있는 사람, 하의는 발병을 하여도 다스리기 힘든 사람"이라고 하고 있어 예방의학의 중요성을 강조하고 있다.

요즈음 우리 사회의 약 소비 평균빈도는 1년에 10회라고 소개되고 있다. 따라서 우리가 1년에 10회 복용하는 약과 하루 세끼 정도 취식하여 연간 1000회 정도 먹는 음식을 비교한다면, 음식이 건강과의 관계에 있어서 빈도와 소비량의 비교에서 계산할 수 없을 정도의 중요성을 가지고 있는데도 불구하고 우리의 식생활에서 그만큼 중요성이 인식되고 있는

가 하는 문제가 있다. 그러므로 우리가 건강을 의지하여야 할 곳은 약으로 치료하는 방식이 아니라 음식으로 예방하여야 한다는 신념에 있다는 것을 분명히 해야 할 것이다.

현대인의 건강은 불량음식으로부터 끊임없는 위협을 받고 있다고 볼 수 있다. 따라서 반건강, 불건강을 건강하게 할 수 있는 방법은 바로 음식건강에 대한 의식을 갖고 건강한 식생활을 영위하는 데 있다.

야생 동물 사회에서는 철저히 먹이 중심의 예방건강이 건강유지의 유일한 수단이지만 모두들 성인병에 시달리거나 동물병원에 의지하지 않고 생존하고 있다. 그러나 우리 인간과 애완동물의 경우 병원에 의존하여 전적으로 건강을 유지하고 있는 현실을 잠시 숙고하여 보면서, 자연의 기본으로 돌아가 음식건강의 중요성을 상기하여야 할 것이다.

특히 이번에 소개하는 '건강조리메신저 차은정 박사의 계절약선 40선 추동편'은 위와 같은 신념을 연구의 뿌리로 하여 우리 신체리듬의 임상적 근거와 계절음식의 역할에 관한 상관관계의 중요성을 토대로 음식물의 성질을 고려하여 연구되었다는 점과, 4계절을 각각 구분하지 않고 건강음식의 선행연구 고전을 근거로 음양의 원칙이 상생하는 추동(秋冬)을 동일 테마로, 춘하(春夏)를 다른 하나로 엮었음을 밝히고자 한다.

대한약선연구소 소장

차 은 정 박사

계절음식_의

의미_와 가치

지구상의 모든 생물은 계절의 변화에 따라서
생명의 절기 메커니즘에 의하여 생동한다.

초목의 경우 봄에는 생성하여 월동의 결과로 땅의 에너지를 받아서 싹이 트고, 여름은 잎과 가지가 풍부하게 육성하여 성장의 결과를 집결할 수 있는 기반을 확보하고, 가을이 되면 꽃을 피워 수분이 이루어지고 낙화되면서 과일을 맺고 일 년간의 결실을 비축한다. 그리고 겨울이면 성장의 문을 닫고 월동의 피해를 줄이기 위해서 낙엽과정을 거치면서 불필요한 몸체를 줄여 대사량을 축소하고 이듬해 봄의 소생을 위해 비축한 열량으로 활동을 최소화하여 봄의 생성을 기다린다.

동물의 경우도 식물의 경우와 대단히 유사하다. 즉, 계절의
변화에 따라서 동물의 발육과 양태도 변화함으로써 초목의 형
태와 비교될 수 있다.

우선 동물의 피부, 털, 땀, 호흡, 행동은 계절의 변화에 철
저하게 연결되어 있다. 예컨대 동물의 생명과 건강을
좌우하는 생체리듬, 생리현상, 비만의 정도, 식욕, 번식 기관
의 반응 변화 등이 계절과 철저하게 상생작용을 하고 있다는
것이다. 따라서 동식물은 공히 계절에 따라서 일정한 생명활
동의 일 년 사이클이 있고 이 주기에 따라 생성하고 성장하며,
꽃이 피고, 결실을 응집하고 에너지를 축적하는 생장화수장
(生張化收藏)의 생명존재 게임의 법칙에 따라서 각각의 유전
자 코드를 근거로 생명활동의 기본으로 삼고 있다.

가령 동물의 경우 봄에 발정을 하고 그해 혹은 다음해 먹이
가 풍부한 여름과 가을에 분만하여 새끼를 돌보며 장기간 성
장하는 동물의 경우 봄철의 성장 속도가 가을의 성장 수치에
비하여 두 배 이상의 차이가 난다는 실험결과가 소개되고 있
어 성장은 대체적으로 봄 기운의 영향을 받아서 이루어지는
것을 알 수 있다.

특히 인간에게는 계절에 따른 생체활동의 중요성이 두드러
지게 나타나고 있다. 봄에는 생명력을 확보하여 개학과 함께
새로운 사업, 변화를 추구하고, 여름은 부지런히 노력하여 생

산하는 계절이며 가을은 상반기의 노력을 점검하고 농부는 수확하고, 겨울은 금년의 활동을 검토하고 내년의 사업 계획을 수립하고 농부는 새해의 영농을 계획하고 씨앗을 갈무리하며 봄의 운기를 기다린다.

예를 들면, '내경'의 '사기조신대론(內徑 : 四氣調神 大論)'에서 "사계절의 음양은 만물의 근본이며 성인(聖人)들은 양의 기운을 성하게 하고, 가을과 겨울은 음의 기운을 성하게 하는 것을 근본으로 하였다"라고 한다. 따라서 봄, 여름은 양의 음식을 취하여 생명의 존재게임의 법칙을 존중하고, 가을과 겨울에는 음의 성질을 성하게 하는 생성의 법칙을 따르는 것이 건강 양생의 원칙일 것이다.

따라서 봄에는 푸른 잎의 채소를 섭취하고, 여름은 화를 낮추는 음식을 취하여야 할 것이다. 가을과 겨울은 보양성질의 음식을 취하여 인체 내에 양의 기운이 저장을 지원하여 예방건강 음식을 생활화할 수 있다. 결과적으로 이와 같은 병원건강이 아닌 식탁건강이 예방건강의 근본으로 자가건강 관리의 지침이 될 수 있다는 취지에서 계절음식의 중요성을 강조하고 싶다.

또한 위의 자연을 근거로 한 건강유지의 섭리는 아직도 자연동물세계에서 생명존재의 변함없는 게임법칙으로 중시되고 있으나 인간사회의 경우 계절에 무관하게 절기 정반대인 남반구의 음식을 유통의 발달로 북반구에서 같은 시점에 섭취할 수 있게 되었다.

그리고 계절음식 섭취의 중요성이 무시되고 있는 문제는 식품 저장기술의 진보와 관계가 있는데, 계절에 무관하게 모든 절기의 음식을 어느 계절에나 먹을 수 있다는 현대인의 특권은 쉽게 떨칠 수 없는 유혹이라고 할 수 있다. 즉, 계절에 따른 생장화수장(生張化收藏)의 편익이 망각되고 계절음식의 원칙이 무시되는 식품공급적 유혹이 우리 주위에 자리하고 있다는 것이고 따라서 본 책에서는 계절음식의 중요성을 감안하여 본문과 같이 추동식료를 중심으로 계절약선을 연구하였다.

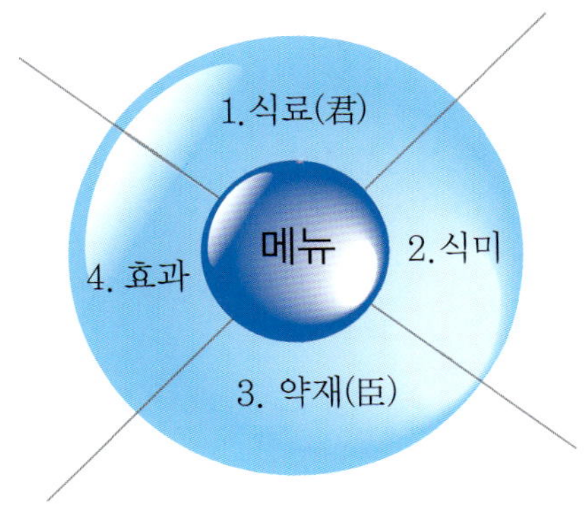

계절약선과 4위(位) 일체론

4위 일체론은 계절약선을 제작함에 있어서 계절에 따른 맛의 역할, 기후의 성상, 신체의 변화, 생물의 상태를 총체적으로 분석하여 구성함으로써 음식과 관련된 네 가지의 구성요소가 기능, 성질 측면에서 융화되어 최적의 음식치료 효과를 낼 수 있는 약선 제작 이론으로 예방건강 관점에서 계절의 변화에 대응할 수 있는 약식동원 이론이며 식치이론이다.

자연계와 인체의 관계를 살펴보면 가을은 오행 중 금(金)에 속하여 오장 중 폐와 관련이 있으며 자연의 식품에서는 매운맛(辛)과 연관이 있다고 하였다. 또한 겨울은 수(水)에 속하고 오장의 신장과 관련이 있고 자연에서는 짠맛(鹹)을 섭취하라 하였으나 이런 이론에 치우치게 되면 오히려 매운맛의 과다로 근육이 늘어지고 정신이 산만해지고 짠맛의 과용으로 뼈가 쇠약해지고 피부가 건조해지며 심기가 허약해진다고 하였으니 따라서 이 책의 계절약선에서는 이론을 기본 바탕으로 제시하되 제철도 아닌 식재료들이 냉장·냉동고에 방치되는 것을 방지하고 철처히 가을, 겨울에 생산되는 제철식품 중 매운맛과 짠맛을 가지고 있는 식재료와 그의 작용을 상승시켜주는 약재를 활용하여 기존의 요리책과 차별화함을 원칙으로 한다.

1. 메뉴의 가장 중심이 되는 식료
2. 식료가 갖는 맛
3. 식재료와 순궁합(matching)의 약재
4. 요리가 인체에 미치는 효과

약선의 개념

약선은 약식동원(藥食同原)의 이론에 근거하여 약의 치료성질과 음식의 인체보건 역할과 영양의 성질을 통합적으로 결합하여 조리한 음식으로 근본적으로 음식의 역할과 성질이 주체가 되고 약의 역할과 성질이 보조체가 되어 상호 보완작용을 하는, 즉 음식과 약의 두 가지 성질과 역할의 시너지효과(synergy effect)를 기대할 수 있는 건식(健食)을 말한다. 약선의 명칭은 최초로 '후한서 열녀전'에 기록되고 있으나 음식요법에 관련하여 식양(食養), 식치(食治)라고 하였으며, 또한 식의(食醫)제도가 있어 주대 제왕 궁정(周代 帝王 宮廷) 내 최초의 의관 식의가 존재하였던 것을 알 수 있다.

약선의 어제 · 오늘 · 내일

인류는 최초의 원시인 시기에 생존하기 위한 음식을 섭취하는 과정에서 우연히 식료로부터 체력을 증강하고 질병을 예방하거나 또는 치료하는 작용이 있다는 것을 취식체험을 통하여 경험적으로 알게 되었을 것이다. 이는 '우연'에서 발단되어 계획적으로 약선을 탐구하는 기회가 되었을 것이고 이런 '탐구'의 본능과 경험의 누적으로 약선식료의 기원이 오늘날에 이르게 되었다고 본다. 사슴의 피를 마시면 신장에 좋고 뱀의 담낭을 먹으면 눈에 좋다는 등의 기록은 상고시대의 식료흔적을 보유하고 있다는 사실을 증명할 수 있으나 불을 사용하기 전 시대의 사람들은 보편적으로 질병이 많기에 수명이 짧았고 "생(生)것은 비린내가 나고 냄새가 나므로 위와 장에 해롭고 많은 질병을 일으킨다"고 믿었다. 인간이 나무를 마찰시켜 불을 얻어 비린내를 제거하게 된 수인씨(인류에 처음으로 불 사용방법을 전수한 전설상의 인물) 이후 인류는 숙식시대(익혀 먹는 것)에 진입하여 질병이 감소되고 체질이 증강되었으며 이러한 불의 사용은 인류로 하여금 먹고 마시는 것에 근본적인 변화를 가져왔다. 이것이 약선형성의 새로운 경로를 개척했다고 보여진다.

'신농상백초(神農嘗百草)' 전설에서 알 수 있듯이 고대시대부터 사람들은 이미 생각과 목적을 가지고 '가식(可食 : 먹을 수 있는 것)'과 '치병(治病 : 병을 치료할 수 있는 것)'의 원료를 찾아 백 가지 약초를 맛보아서 사람들에게 알려주었는데 그 당시 하루에 70가지 독을 맛보았다는 기록에서도 알 수 있듯이 그러한 노력이 바로 오늘날의 약선발전의 기초를 닦아준 것이 아닐까 한다.

약선 치선(治膳)인의 자세

약선조리는 인간의 신체에 필요한 요기를 식료를 통하여 취기하기 용이하도록 식료의 가열, 양념, 발효, 포제, 숙성 등의 처리과정을 거치는 조리행위를 일컫는다.

이와 같은 행위에는 사전조리와 본조리, 사후조리행위를 포함한 총체적인 조리행위에 대한 치선자세가 중요하다.

1. 조리전 자세(pre-cooking mind)
마음 조리단계

- 준비 : 세수와 갱의 후 시작

- 분주한 일상에서 흐트러진 조리인의 마음을 단속하여 약선 제작에 일념할 수 있도록 하는 단계로서 묵념, 명상, 참선, 기공, 복식호흡, 요가 등의 수단을 통하여 본 조리를 준비하는 조리인으로서 자신의 기를 조리에 집중하는 정신적, 육체적 사전조리단계

2. 조리중 자세(cooking mind)
식료조리단계

- 재료 : 식료는 산지와 재배재료, 자연재료를 사전에 분류하고 적정량을 계산

- 손질 : 식료의 다듬질은 식료의 성질에 유념하여 면밀히 수행

- 가열 : 열처리는 직화, 탕, 찜, 삶음, 중탕 등의 약선의 승강부침과 같은 식료의 상호작용을 유념하여 처방에 부합하는 재료의 역할을 최고화할 수 있는 열처리 방법을 적용

- 순서 : 열처리는 재료의 성질에 근거하여 단독가열, 동시가열, 단시간, 장시간, 열처리 우선순위 등을 사전에 선행연구를 바탕으로 결정

- 마감 : 완성된 약선은 선의 성질에 따라 상온, 고온, 저온에 맞게 최적온도서비스가 가능한 환경에서 취식자에게 제공

3. 조리후 자세 (pre-cooking mind)
환경조리단계

- 약선조리가 완성된 경우 조리잔여 식료의 처리, 특히 독성이 있는 식료의 경우 분리 처리

- 일반 식료의 경우 재활용을 계획하여 부족한 약선재료 보호를 유념

- 조리장 주변의 환경을 고려하여 청결, 정돈, 단수, 단전, 방화 등 에너지 절약, 위생 그리고 안전에 만전

- 끝으로 마무리 명상, 선 등을 통하여 약선조리의 전과정을 회상하면서 과정 중에 부족하였던 부분에 대한 차후 보완을 유념하면서 당해 치선을 완성

삽주의 치선방법
백출은 황토에 넣어서 초(炒 : 볶음)를 한다.

약재의
치선방법 활용!

숙지황의 치선방법
지황을 깨끗이 씻어 적당한 크기로 자르고 막걸리에 하룻밤
담근 뒤 증기 가마에 넣어서 술(정종, 막걸리)로 8시간 이상
찌고 말리는 과정을 9번 반복한다.

황기의 치선방법
찌꺼기를 제거한 황기를 꿀에 절여 충분히 꿀이 스민 뒤 꺼
내어 말려 볶아 가공한다.

산수유의 치선방법
약재의 찌꺼기는 깨끗이 씻어 제거한 뒤 술(정종, 소주)을 충
분히 부어 약재에 스미게 한 후 건져서 술의 증기로 찐 후 말
려서 가공한다.

두충의 치선방법

적당량의 소금을 미지근한 물에 녹여 약재를 담근
후 건져서 약간 건조시킨 뒤 가마솥에 넣고 골고루
저어가며 볶아서 가느다란 실을 제거해서 쓴다.

오미자의 치선방법

소금을 녹인 물로 약재를 깨끗이 씻어 이물질 및
찌꺼기를 제거하고 충분히 말려 건조한다.

하수오의 치선방법

약재를 얇게 썰고 찌거기를 제거한 뒤 찹쌀뜨물에
하룻밤 담가 약재에 충분히 스미게 한 후 증기로
쪄서 가공한다.

미액(味液)소스류

소스(sauce)는 서양요리에서 맛이나 빛깔을 내기 위해 식품에 넣거나 위에 끼얹는 액체 또는 반유동 상태의 조미액을 총칭하는 말로서, 고대 로마시대부터 사용되어온 소스는 수백 가지에 달할 정도로 다양하게 발달이 되어 있는데 외식업에서도 소스시장이 차별화되어 있을 정도로 각광을 받고 있다.

Color Food & 오행

계절약선에서는 이러한 소스를 미액(味液 : 맛을 주는 액체상태)이라고 표현하며 음양오행을 이용한 다섯 가지 색깔의 식품으로 오장육부의 건강과 관련하여 분류해 보았다.

오미 (五味)	오색 (五色)	오계 (五季)	오행 (五行)	오장 (五臟)	음 식
신맛(酸)	녹 (green)	봄	목	간	신맛이 나는 식품을 주로 먹어 신진대사를 원활하게 하여 간의 피로물질이 해소되는데 특히 우리가 즐겨 먹는 녹차잎의 알라닌은 알코올분해가 빨리 일어나도록 도와 간의 회복에 효과가 있다. 또한 식탁에 자주 오르는 시금치나 오이, 파래, 셀러리 등은 신체의 치유력을 높이는 효과가 있어 꾸준히 섭취하게 되면 간 기능 회복이 눈에 띄게 좋아진다고 한다.
쓴맛(苦)	적 (red)	여름	화	심	주로 여름에 쓴맛의 식품을 많이 먹어주라고 하고 그런 음식들이 심장기능에 효과적이라고 하겠다. 특히 붉은빛의 과일이나 야채에 들어 있는 라이코펜 성분은 고혈압과 동맥경화증을 예방하는 데 효과가 크다고 하니 토마토, 대추, 석류, 고추, 포도, 복분자, 구기자, 오미자, 사과, 영지버섯, 홍삼, 홍어 등의 식품을 다양한 조리법으로 이용해보도록 한다.

오미 (五味)	오색 (五色)	오계 (五季)	오행 (五行)	오장 (五臟)	음 식
단맛(甘)	황 (yellow)	늦은 여름	토		단맛의 식품들은 주로 비장과 위장에 영향을 미치어 소화력이 약한 사람에게 좋다는 이야기가 있다. 노란색을 나타내는 카로티노이드 성분은 소화기능을 도와 위장을 보호하는 역할을 한다. 대표적인 식품으로는 된장, 청국장 등 콩 발효식품을 들 수 있고 이미 면역력 강화식품으로 세계에서 인정받은 우리 고유 전통음식이다. 토란, 당근, 늙은호박, 두부, 찹쌀, 꿀, 감, 땅콩, 참외, 죽순, 감자, 생강, 고사리, 밤, 감귤, 레몬, 유자 등을 들 수 있다.
매운맛 (辛)	백 (white)	가울	금		흰색은 음양오행 중 폐 기능에 연관시켜 흰색식품이면서 매운맛의 식품은 호흡기 기능을 도와준다고 하였는데 안토크산틴 색소가 체내 산화작용을 억제하여 균과 바이러스에 대한 저항력을 길러주고 양파나 마늘의 알리신은 강한 항암작용을 한다. 양파, 식초, 굴, 마늘, 당귀, 소금, 현미, 도라지 등이 있다.
짠맛 (鹹)	흑 (black)	겨울	동	폐	블랙컬러는 '안토시아닌'의 색소로 항산화작용을 일으켜 노화방지에 탁월하며 검은쌀, 검은콩, 검은깨 등은 짠맛을 나타내고 신장기능을 돕고 생식기능과도 연관이 있다고 하여 요즘 사랑받고 있는 식품으로 손꼽히고 있다. 다시마, 표버섯, 장어, 칡, 숯, 석이버섯, 살구씨 등이 있다.

음식의 맛을 결정한다!

미액의 모든 것

| 오디 미액 |

오디 500g, 복분자 500g, 흑설탕 1kg

| 치선법 |

1. 오디와 복분자는 흐르는 물에 깨끗이 씻어 체에 밭쳐 물기를 빼고 거즈로 닦아낸다.
2. 유리병에 1을 넣고 동량의 흑설탕을 넣어 재어 그늘에서 3개월 숙성시킨다.
3. 2를 거즈를 깐 체에 밭쳐 액을 받아 냉장고에 보관하여 사용한다.

| 건강 조리 메신저 코너 |

오디는 암 뽕나무에서만 열리는 열매로서 한약재로는 '상심자(桑甚子)'라고 부르며 보혈, 보음의 약재로서 당뇨로 갈증이 심할 때 효과적이다. 최근 오디는 혈중콜레스테롤을 억제하는 물질이 있다고 알려져 있고 100g당 61g의 식물성 칼슘을 함유하고 있어 흡수가 용이하다.

| 치선법 |

1. 사과는 깨끗이 씻어 껍질과 씨를 제거하고 세로로 8등분하여 가로로 3등분한다.
2. 믹서기에 1을 넣고 고추장과 올리브오일, 죽염을 넣고 곱게 간다.

| 건강 조리 메신저 코너 |

'식품비방'에 의하면 "사과는 약재명으로 능금이라 하여 사과를 껍질째 얇게 썰어서 20도의 식염수에 6~7시간 담갔다가 꺼내서 찧어 즙을 내어 매일 100g씩 먹으면 위장기능이 탁월하게 좋아지며 사과의 산(酸, 사과산, 구연산)과 사과철(鐵)을 함유하고 있어 신진대사를 촉진하여 피부를 좋게 한다"고 하였다. 또한 사과의 칼륨은 체내의 나트륨을 몸밖으로 배출해 혈압이 낮아지게 하는 효과가 있어 고혈압 환자들에게 사과요법을 사용하기도 한다.

| 고추장사과 미액 |

사과 2개, 고추장 2큰술,
올리브오일 1작은술, 죽염 1작은술

금귤 500g, 인삼가루 3큰술, 당귀잎 5장, 꿀 2큰술, 효소 1/3컵

솔잎 200g, 발효 요구르트 400g, 플레인 요쿠르트 2통, 해바라기씨 2큰술

| 치선법 |

1. 금귤을 깨끗이 씻어 씨만 제거하고 껍질을 얇게 벗겨 곱게 채 썰어 그늘에 말려 곱게 갈고 속은 즙을 내어 3에 같이 섞는다.
2. 당귀잎은 곱게 다져 거즈에 물기를 제거하고 그늘에 말려 곱게 간다.
3. 매실엑기스와 효소를 섞어 단맛과 신맛을 조절한 다음 금귤가루와 호박가루를 섞어 농도를 조절하고 냉장고에 넣어 두고 사용한다.

| 건강 조리 메신저 코너 |

꿀은 사람에게 필요한 미네랄과 비타민, 아미노산과 효소가 듬뿍 들어 있어 피로를 회복해주고 니코틴산이 풍부하여 피부에 효과적이며 '동의보감'에 의하면 '살아 있는 식품'으로 표현되었다. 또한 인삼은 사포닌(saponin)의 쌉쌀한 맛 때문에 꿀에 찍어 먹게 되는데 이는 인삼의 따뜻한 성질을 도와 시너지효과를 내게 되니 순궁합(+궁합)이라 할 수 있다.

| 치선법 |

1. 솔잎은 순이 난 부분을 깨끗이 씻어 물기를 제거한다.
2. 믹서기에 솔잎과 요구르트, 플레인 요구르트, 해바라기씨를 함께 넣어 곱게 간다.

미리 갈아서 냉장고에 넣고 사용하여도 무관하지만 물이 생길 우려가 있으니 먹기 직전에 가는 것이 효과적이다.

건강 동의보감

예로부터 검은깨는 '불로장수의 묘약'으로 불려져왔는데 '동의보감'에 의하면 "검은깨(호마 : 胡麻)는 성질이 평(平)하고 맛이 달며 독이 없고 기운을 돕고 살찌게 하며 내장을 보하고 기를 도우며 특히 신장의 기운을 도와 검은깨 서말이면 황소도 이긴다"고 하였다.

복분자는 대표적인 자양강장제로 우리나라 산야에서 자생하는 나무딸기로 심장병 예방에 좋은 건강식품이다. 복분자에는 폴리페놀 성분이 다량 함유되어 있는데 이는 포도에 들어있는 폴리페놀과 같은 것으로 노화를 억제해주는 기능을 가지고 있고 복분자의 탄닌 성분은 체내 독성분의 유입을 막아주고 노폐물을 배출시키는 데 효과적이다.

| 건강 조리 메신저 코너 |

영양학적 성분을 살펴보면 검은깨의 식물성 지방은 콜레스테롤로 바뀌지 않고 오히려 그 수치를 낮춰주는 역할을 하며 신장기능이 떨어지면 칙칙하고 건조해지는 피부에 비타민 E와 천연 토코페롤을 공급해주어 기미, 주근깨 등을 완화시켜주는 기능을 가지고 있다.

| 검은깨 미액 |

하수오 10g, 검은깨 100g, 잣 30g, 현미 15g, 꿀 1큰술, 죽염 1작은술

| 치선법 |

1. 하수오를 흐르는 물에 깨끗이 씻어 물 50g을 부어 40분간 끓인다.
2. 깨는 흐르는 물에 깨끗이 씻어 체에 밭쳐 물기를 제거한다.
3. 잣과 현미는 팬에 살짝 볶아 1과 2를 함께 넣고 믹서기에 곱게 간 다음 꿀과 죽염으로 맛을 낸다.

| 매실 미액 |

매실 1kg, 흑설탕 1kg

| 치선법 |

1. 매실을 흐르는 물에 깨끗이 씻어 행주로 물기를 닦는다.
2. 유리병에 매실을 넣고 흑설탕을 동량으로 섞는다.
3. 볕이 들어오지 않는 서늘한 곳에서 6개월 이상 숙성시킨다.

| 된장 미액 |

메주콩 500g, 다시마 20g, 들깨가루 50g, 땅콩 20g

| 치선법 |

1. 메주콩은 충분히 불린 후 푹 삶는다.
2. 믹서기에 간다.
3. 2에 된장과 다시마 우린 물을 넣고 들깨가루와 땅콩을 섞어 함께 간다.

| 양파 미액 |

양파 10개, 마늘 5톨, 버섯죽염 약간, 요구르트 2개

| 치선법 |

1. 양파와 마늘은 끓는 물에 살짝 데친다.
2. 믹서기에 1을 넣고 요구르트와 버섯죽염을 넣고 간을 맞춘다.
3. 냉장고에 보관해두면 층이 생기므로 먹기 직전에 만든다.

| 솔잎 미액 |

연두부 1개, 양파 1/4개, 마늘 1톨, 간장 1작은술, 오미자즙 1 큰술, 매실엑기스 1큰술, 죽염 약간

| 치선법 |

1. 연두부는 데쳐서 체에 곱게 내린다.
2. 양파와 마늘은 오미자즙과 매실엑기스를 넣고 믹서기에 함께 간다.
3. 1에 2를 넣어 죽염으로 간을 한다.

| 굴 미액 |

굴 500g, 레몬 2개, 꿀 3큰술, 죽염 약간

| 치선법 |

1. 굴에 소금을 뿌려 손으로 주무르지 말고 위에서 눌러가며 굴의 이물질을 게워내게 한 후 흐르는 물에 깨끗이 씻어낸다.
2. 행주로 물기를 씻어낸다.
3. 레몬은 껍질을 벗겨놓고 씨를 제거한 후 레몬즙을 짜낸다.
4. 믹서기에 굴과 레몬껍질, 레몬즙을 넣고 갈다가 꿀과 죽염으로 간을 맞춘다.

가정에서 쉽게
발효액 담그는 법

| 아카시아꽃 발효액 |

아카시아꽃 1kg, 흑설탕 800g

| 치선법 |

1. 아카시아꽃을 흐르는 물에 깨끗이 씻어 체에 밭쳐 물기를 제거한다.
2. 망에 1을 넣고 탈수기로 남아 있는 물기를 완전히 제거한다.
3. 유리병에 2를 넣고 흑설탕을 부어 병 입구를 비닐로 봉한 후 3개월 동안 저장한다.
4. 아카시아액을 희석하여 사용한다.

| 건강 조리 메신저 코너 |

아카시아 꽃은 여름에 따서 장만해둔다. 아래에 가라앉은 액은 고기를 잴 때 당분으로 사용하기도 하고 샐러드 무칠 때 사용하면 육질을 연화시킬 수 있으며 즙을 내고 남은 꽃잎 찌꺼기는 꺼내어 꼭 짜서 비닐에 담아 냉동고에 저장했다가 떡의 소로 사용하면 금상첨화이다.

| 솔액 발효액 |

솔 1kg, 흑설탕 800g

솔잎은 소화불량에 좋고 예로부터 강장제로 살균·방부효과를 얻기 위해서 다각도로 사용되어져왔다. '동의보감'에 의하면 실제로 솔잎은 인체의 신진대사를 원활하게 하여 피를 맑게 하고 모세혈관이 좁아지는 현상을 예방해주는 효과가 있는 것으로 기록되어져 있는데 이는 솔잎에 콜레스테롤 수치를 낮춰주어 혈관을 탄력 있게 해주는 피톤사이(phytoncide)가 있기 때문이다.

| 복분자 발효액 |

복분자 1kg, 흑설탕 1kg

요강을 엎는다는 복분자는 여름 한철 (7~8월경) 잠시 볼 수 있는 것으로, 소양인의 경우 스트레스를 받으면 신장기능이 떨어진다고 하는데 이때 복분자는 신장기능을 돕는다 하여 복분자를 포함하여 구기자, 오미자, 차전자, 토사자와 같은 열매를 한방에서는 정력이 떨어진 사람에게 많이 이용하고 있다고 하는데 이는 항산화작용을 가지고 있는 폴리페놀 성분이 다량 함유되어 있기 때문이다.

| 매실 발효액 |

매실 1kg, 흑설탕 1kg

봄에 꽃피었던 매화나무의 열매, 매실은 인삼에 비교될 만한 강장제로서 피로회복을 촉진시켜 생체기능을 활성화시킨다는 연구결과가 이미 발표된 적이 있다. 우리 몸이 피곤하게 되면 젖산 생성이 증가하게 되는데 이때 매실의 구연산은 젖산을 몸 밖으로 배출시키는 역할을 하게 되어 피로감을 줄여주게 되니 매실은 현대인에게는 필수식품이라 하겠다.

| 감식초 | 감 2kg

가을에 나오는 홍씨를 꼭지를 떼고 유리병에 담아 그대로 서늘한 곳에서 숙성시킨다.

| 초콩 | 검정콩 500g, 식초 1ℓ

검은콩과 식초의 비율을 1:2 정도로 하여 유리병에 넣고 콩이 불어 통통해지면 냉장보관하여 두었다가 샐러드를 무칠 때 화학식초 대신 가미하여 활용한다.

音ᅙᅳᆷ이 國귁ᄋᆞᆫ 나라히라 之징ᄂᆞᆫ 입겨지라 語ᅌᅥᆼᄂᆞᆫ 말ᄊᆞ미라 音ᅙᅳᆷ은 소리라

異ᅙᅵᆼᄂᆞᆫ 다ᄅᆞᆯ씨라 乎ᅘᅩᆼᄂᆞᆫ 아모그ᅌᅦ ᄒᆞᄂᆞᆫ 겨체 ᄡᅳᄂᆞᆫ 字ᄍᆞᆼㅣ라 中듀ᇰ國귁ᄋᆞᆫ 皇帝뎽 겨신 나라히니 우리 나랏

약선조리 01

산조인 굴 비빔밥

굴은 대게 성질이 차서 몸이 차가운 사람이 많이 먹는 것은 좋지 않다고 하였는데 5월~8월까지는 독이 있어 먹지 말아야 하며, 굴껍질(모려)에 있는 탄산칼슘은 정신을 안정시키는 기능이 있다고 한다. 굴을 바다의 우유라 칭할 만큼 우유보다 3배 이상 많은 단백질을 함유하고 있고 다른 패류보다 소화가 잘되고 굴 70g에 아연이 9.2mg으로 다른 식품에 비해 무기질 함량이 월등하여 학습능력을 강화시켜주는 역할을 한다. 이때 산조인은 굴의 탄산칼슘과 같은 역할을 하며 한참 공부하는 학생들의 원기를 도와주고 잠을 잘 자게 하여 주니 이 음식의 보조역할을 해준다고 볼 수 있다.

산조인 굴 비빔밥 

산조인	15g	굴	200g
초피나무/오가피	20g	미역/마른 파래/다진 마늘	50g
멥쌀	3컵	사과	3개
도라지/군수/깐새우	100g	양파	2개
무	1/3개	해바라기씨	1컵
당근	1/2개	국간장/통깨/물엿/죽염/	
호박/깐조개	1개	청초/홍초/올리브기름	약간

*** 조리과정

1. 약초물에 밥을 고슬하게 짓는다.

2. 새우와 조개는 팬에 약초물을 약간 넣고 볶다가 그 진액을 7등
   분하여 그 국물에 다진 마늘, 양파 다진 것, 청초·홍초 다진
   것을 넣어 간을 만든다.

3. 채 썬 당근, 무, 호박, 도라지를 순서대로 넣고 볶다가 굴, 미역,
   군수 채 썬 것을 순서대로 볶으면서 간장, 통깨로 맛을 낸다.

4. 마른 파래는 잘게 찢어 놓고 국간장, 물엿, 잔파, 청·홍초
   다진 것, 양파 다진 것, 사과 다진 것을 함께
   양념으로 만들어 파래가 촉촉해질 때까지 버
   무려 볶은 해바라기씨를 갈아 넣어 맛을 낸다.

5. 비빔밥 그릇에 밥과 위의 모든 재료를 색을 맞
   춰 고명으로 올린다.

연지육 소고기 쌈말이

달고
따뜻한 성질   소고기

연지육   메티오닌(methionine) 함유
덟고 평이한 성질   우울증 완화

소고기는 맛이 달고 평하며 따뜻한 성질을 가지고 있는데 주로 소화가 잘되면서 설사가 잦은 사람에게는 몸을 보하는 식품이나 소화가 안되면서 변비가 있는 사람들에게는 좋지 않다고 하니 유념하기 바란다.

연자육 소고기 쌈말이 

연자육/산사	20g	무순	15g
소고기(안심)	1kg	목이버섯	10개
매실즙	1/2컵	당근	1/2개
양파(소)	1개	무	30g
죽염	약간	유자청	30g
밤	5개	당귀잎	5g

✳✳✳ 조리과정

1. 산사와 연자육을 물 800cc를 붓고 달인다.

2. 1의 약초물에 죽염과 매실즙을 넣어 간을 맞춘 다음 소고기 세로, 가로, 두께를 4cm×4cm×1cm 길이로 썰어 칼등으로 연하게 다져 양념에 쟀다가 석쇠에 굽는다.

3. 밤은 껍질을 벗겨 곱게 채를 썰고 목이버섯은 진간장과 양파즙으로 살짝 볶아 먹기 좋게 썬다.

4. 당근은 곱게 채 썰어 죽염으로 살짝 간을 하여 프라이팬에서 볶는다.

5. 무는 가늘게 채를 썰어 찬물에 살짝 담갔다 물기를 제거한다.

6. 유자청에 당귀잎을 다져 넣어 향을 살짝 낸다.

7. 각종 야채들을 구운 소고기 위에 올리고 당귀향이 가득한 유자청을 보기 좋게 얹어 쌈처럼 돌돌 만다.

작약 토란 전골

토란(土卵)은 '땅에서 캐낸 계란'이라는 뜻으로 1~2월에 얻을 수 있는 겨울철 야채로서 전반적으로 끈적거리는 물질 속에 토란의 약효과가 가득하다. 바로 당과 단백질이 합쳐진 상태의 갈락탄(galactan)이라는 성분으로 장운동을 도와 변비를 예방하여주며 혈압을 낮춰주는 역할까지 한다. 이와 같은 토란의 효능을 도와주는 작약 역시 대소 장의 기능을 좋게 한다 하였으니 오래 앉아있는 직장인들에게 권하고 싶은 음식이다.

작약 토란 전골 

작약/삼백초/감초	15g	표고버섯/당면	50g
토란/두부	100g	청초/홍초	1개
우리밀가루	200g	죽염	2큰술
은행	10알	들기름/간장	1큰술
다시마	20g	들깨가루	약간

*** 조리과정

1. 물 1000cc에 약초를 넣고 20분간 끓인다.

2. 1에 소량의 토란을 넣어 10분간 떫은맛을 다소 우려내고 두부는 먹기 좋게 썰어 간수가 빠지게 담가 놓고 물기를 제거한 후 우리밀을 묻혀 지진다.

3. 다시마와 표고버섯 25g에 약초물 3컵을 붓고 밑물을 만들고 간장과 들깨가루를 갠다.

4. 당면은 찬물에 불려 먹기 좋게 썰어둔다.

5. 은행은 먼지를 떨어내고 들기름을 살짝 두른 팬에 볶아 거즈로 껍질을 벗겨낸다.

6. 고추는 씨를 제거하고 곱게 채를 썬다.

7. 전골냄비에 토란, 두부, 표고버섯, 은행, 청·홍초를 고루 놓고 약초물을 조심스럽게 붓고 끓인다.

진피 두육구이

건강 죠리 메신저 코너

두육은 육식을 금하는 법도 속에서 생활하는 사람(종교인, 채식주의자 등)도 고기 맛에 대한 기억이 있어 금육생활에 심리적인 장애가 될 때가 많으므로 고기의 질감(texture)을 통해서 식욕을 조절해 줄 수 있는 유사메뉴이다. 한편 당근은 황색색소인 카로티노이드(carotenoid)를 함유하고 있고 비타민 A의 전구체인 β-catrotene이 주성분으로서 호흡기질환인 감기나 폐렴 치료에 효과적이다. 또한 진피는 음식물을 소화시키고 담을 삭이며 기침을 멈추게 하는 기능이 있으니 두육구이로 활용해보기 바란다.

달고 매운 성질　당근

진피　β-catrotene 함유

맵고 따뜻한 성질　기침해소

진피 두육구이 

진피	30g	양파	1개
대추/인진쑥	15g	생강	1톨
메주콩	100g	부추	50g
밀가루	50g	방아잎	20g
통밀가루	200g	정종	약간
당근	300g	진간장/매실즙	약간

*** 조리과정

1. 메주콩은 5~6시간 불려 껍질을 벗기고 진피와 대추, 인진쑥을 삶은 물을 믹서기에 넣고 곱게 간다.

2. 1에 당근과 양파, 생강을 넣어 갈고 부추, 당귀잎을 다져 1과 함께 섞는데 이때 정종을 약간 넣는다.

3. 밀가루와 통밀가루는 약초물에 넣어 하룻밤을 재워 글루텐이 생기면 2를 섞어 모양을 만들어 굳힌다.

4. 간장, 매실즙을 섞은 양념장에 굳혀진 두육을 재워 냉동고에 넣고 필요할 때마다 사용한다.

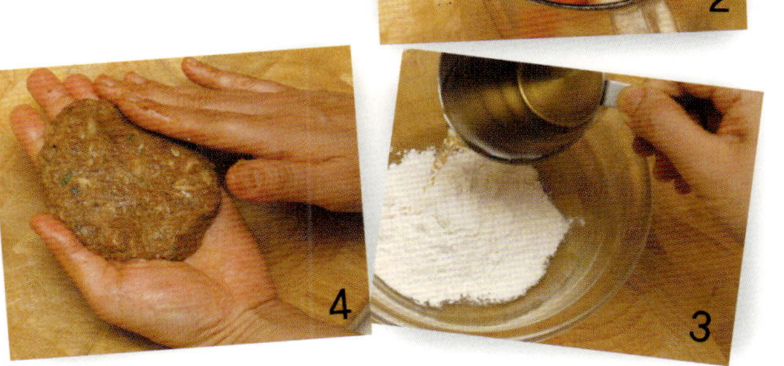

삽주 돼지고기 유산슬

짜고 찬 성질 | 돼지고기
삽주 | 아라키돈산(arachidonicacid)
따뜻한 성질 | 간기능 회복

건강 조리 메신저 코너 돼지고기요리를 할 때 돼지냄새를 제거하기 위해 생강즙을 사용하거나 서양에서는 허브잎을 활용하기도 하는데 기름기를 제거하는 것은 쉽지 않다. 그러나 계절약선에서는 삽주를 이용하면 기름기가 눈에 띄게 줄어드는 현상을 볼 수 있고 동시에 잡내도 없애며 육질을 연화시키는 작용까지 있어 1석 3조의 효과를 볼 수 있다. 또한 돼지고기에 부족한 칼슘을 오가피에서 충족시키려 하였다.

삽주 돼지고기 유산슬 

삽주	30g	팽이버섯	1봉지
우슬/오가피	15g	콩가루	3큰술
돼지고기/새우	200g	귤	3개
죽순	100g	파(흰 부분) 6cm	2개
굴	1컵	생강/ 다진 마늘 / 죽염	1큰술
표고버섯	10장	정종	2작은술

✳✳✳ 조리과정

1. 물 1000cc에 약초를 넣고 20분간 끓인다.

2. 돼지고기는 가늘게 채를 썰어 약초물에 살짝 데치고 해삼은 길이로 2~3등분하여 길게 채 썰어 약초물에 담가 불린다. 새우는 껍질을 까고 등에 칼집을 넣고 꼬리, 창자를 제거하여 약초물에 데친다.

3. 죽순은 세로의 결대로 길게 썬다.

4. 표고버섯은 채를 썰고 팽이버섯은 밑부분을 잘라 뜯어둔다.

5. 팬에 올리브오일을 넣어 뜨거워지면 생강채와 마늘을 노릇하게 볶고 돼지고기를 넣고 볶은 다음 진간장을 넣고 버섯을 제외한 전 재료를 넣어 볶는데 이때 색이 나면 정종을 가장자리에 돌리면서 넣고 볶는다.

6. 5에 약초물을 부어 자박해지면 새우를 넣고 죽염으로 간을 한다.

삽주

삽주는 국화과의 여러해살이 풀로서 '산의 정령(산정)'이라고 하고 창출 이라고도 하는데, '출'은 '탁하다'는 뜻으로 뿌리의 속이 혼탁하다는 뜻 이 붙여진 이름이다. 고등어나 복숭아와는 궁합이 맞지 않는 역궁합이니 주의하기 바란다.

오가피

인삼과 같은 두릅나무과에 속하는 낙엽활엽관목으로 오갈피라고도 한 다. 채취는 10~11월 사이가 적당하다. 간장과 신장의 기능을 강화하여 근육과 뼈를 튼튼하게 하는 작용을 하며 특히 태양인에게 아주 좋은 식 품이라 하였다.

황기

추위를 잘 타는 사람에게 원기를 북돋아주는 황기는 '단너삼'이라 하여 보약으로 사용되는 약재이다. 주로 소화기능이 약한 사람들에게 도움이 되는 강장작용이 뛰어난 약효를 가지고 있는데 차로 달여 마시는 것도 좋은 방법이 된다.

근사록

말을 삼가서...
말을 삼가서 그 덕을 기르고, 음식을 절제하여 몸을 보양한다.

산사 오징어 조림

짜고 찬 성질　오징어

산사　타우린 (taurine) 함유
시고 따뜻한 성질　혈압강하

건강 조리
매신전 코너

타우린은 오징어를 말리면 하얗게 생기는 흰 가루에 들어 있는 성분으로서 간을 해독시켜주는 작용을 하게 되 피곤함을 느끼는 증상을 완화시켜 줄 수 있다. 일반적으로 오징어를 먹으면 콜레스테롤 섭취가 많아진다는 생각에 걱정을 하지만 실제로 타우린은 중성지방과 콜레스테롤 수치를 낮춰주는 기능을 가지고 있고 오징어 한 마리의 섭취가 인체에 필요한 콜레스테롤의 함량(약 1600mg)을 넘지 않기 때문에 크게 우려할 부분은 아니라고 본다.

산사 오징어 조림 

산사	30g	청경채	약간
청미래	30g	홍초	1개
조피	20g	청초	1개
오징어	1마리	조청	1큰술
깐새우	200g	다진 마늘	1큰술
브로콜리	1/4통	죽염	약간

*** 조리과정

1. 약초는 물 1000cc를 붓고 20분간 끓인다.

2. 새우는 창자를 제거하고 오징어는 몸통과 다리를 구분하고
   내장을 제거한 후 약초물에 살짝 데친다.

3. 브로콜리와 청경채는 약초물에 소금과 올리브유 한 방울을
   넣고 살짝 데친다.

4. 청초와 홍초는 씨를 제거하고 어슷썰기 한다.

5. 약초물에 간장, 조청, 마늘과 죽염을 넣고 한
   소끔 끓으면 위의 모든 재료를 넣고 조린다.

우슬 골뱅이국

골뱅이의 끈끈한 점액질에는 피부노화를 지연시키는 히스친성분이 함유되어 있고 특히 콘드로이틴(연골이라는 의미의 그리스어)이라는 성분은 식물성이건 동물성이건 가리지 않고 끈적거리는 것에 함유되어 있으며 체내에서는 단백질과 결합된 형태로 피부, 인대, 관절 등의 각 장기에 분포되어 있어 이 성분이 부족하게 되면 탄력을 잃고 피부에 윤기가 없어지는 현상이 생긴다. 그러므로 콘드로이틴을 원료로 한 노화방지 건강식품이 많이 개발되고 있다. 골뱅이의 이러한 효능을 우슬이 상승시켜주고 소고기와는 역궁합이라 하였으니 조리 시 주의하기 바란다.

우슬 골뱅이국

골뱅이	300g	홍초	약간
콩나물	100g	방아잎	약간
된장	1큰술	물	2큰술
대파	약간	소금	1큰술
청초	1/2개		

*** 조리과정

1. 물 800cc에 약초를 넣고 20분간 끓인다.

2. 콩나물은 통통하고 길이가 긴 것을 사서 머리를 남겨둔 채 씻어 건져둔다.

3. 골뱅이는 씻어 손질하고 약초물에 살짝 찐 후 된장에 방아잎 다진 것을 넣은 액을 발라놓는다.

4. 약초물에 골뱅이와 콩나물, 청초, 홍초, 대파를 넣고 죽염으로 간을 한 후 불을 끈다.

산수유 게찜

짠맛 　 게
찬성질

산수유 　 스테롤(sterol) 함유
시고 따뜻한 성질 　 동맥경화예방

산수유 게찜 

산수유	20g	양파	1개
당귀	15g	대파	약간
생강나무	20g	청초	1개
게	3마리	홍초	1개
차조	1컵	마늘	2개
메조	1/2컵	참기름	1큰술
계란 흰자	2개	죽염	1큰술

✳✳✳ 조리과정

1. 약초에 물 1000cc를 붓고 20분간 끓인다.

2. 게는 딱지를 떼고 속껍질을 벗겨낸 후 깨끗이 씻는다.

3. 약초물에 약 15분간 찐다.

4. 양파, 대파, 청초, 홍초, 마늘은 모두 다진 것을 좁쌀, 흰자에 2를 함께 섞고 죽염으로 간을 한다. 차조와 메조에 쌀가루와 흰자를 섞고 간을 하여 밥을 짓는다.

5. 3을 게의 배 부분에 다시 넣고 뚜껑을 닫은 후 약초물에 찐다.

석창포 녹두전

달고 찬 성질 녹두
석창포 칼륨(Potassium) 함유
달고 따뜻한 성질 알콜해독

건강 조리 매선조 코너

녹두는 예로부터 100가지 독을 풀어 주는 명약으로 알려져있다. 차가운 성질을 가지고 있어 열을 내려주는 작용을 하는 녹두는 몸에 쌓인 노폐물을 해독하는 효과가 커서 '본초강목'에서는 숙주나물을 인체에 가장 좋은 나물로 기록하고 있다. 또한 녹두는 해독작용이 대단히 커서 다른 약재의 효과를 줄이거나 상극관계에 있다고 할 수 있고 소화기능이 약한 사람은 피하되 특히 알코올 중독증상이 있을 때는 감초와 함께 사용하면 오히려 상승 효과를 가질 수 있으니 기억하기 바란다.

석창포 녹두전 

감초/석창포	20g	돼지고기	500g
녹두	2컵	김치	1/4포기
고사리	50g	양파	1개
숙주	50g	다진 마늘	2큰술

*** 조리과정

1. 약초에 물 1000cc를 붓고 20분간 끓인다.

2. 녹두는 물에 충분히 불려 손으로 비벼 껍질을 제거한 후 체에 물기를 제거한다. 믹서에 두 가지를 넣고 간다.

3. 고사리와 숙주는 먹기 좋게 썰고 약초물에 살짝 데친 후 볶는다.

4. 돼지고기는 약초물에 데친다.

5. 양파는 다져서 물기를 꼭 짠다.

6. 김치는 속을 걷어내고 총총 다져 1~4와 함께 김치국과 섞어 버무리고 죽염으로 간한다.

7. 팬에 돼지기름을 넣고 온도가 오르면 5를 알맞은 크기의 전으로 부친다.

찔레 장아찌

맵고 따뜻한성질	고추가루
찔레순 맵고 차가운성질	캡사이신 (capsaicin) 함유 지방분해효과

고추의 매운맛을 내는 캡사이신은 체내의 중추신경을 자극하고 아드레날린과 같은 호르몬분비를 촉진하여 저장되어 있던 지방덩어리들을 분해시키도록 리파아제(지방분해효소)를 활성화시킨다.

찔레 장아찌

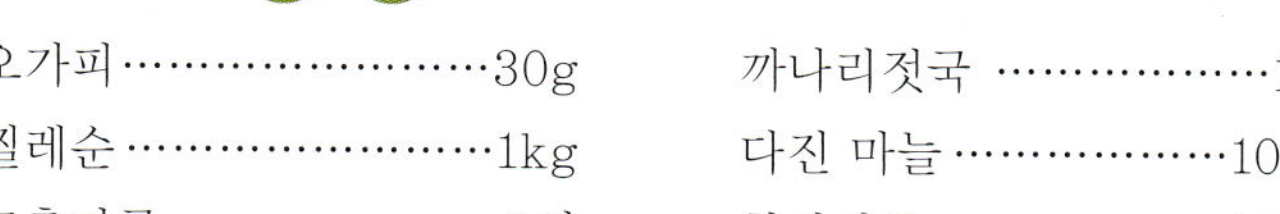

오가피 ·················· 30g	까나리젓국 ················· 1컵
찔레순 ·················· 1kg	다진 마늘 ················· 100g
고춧가루 ················· 2컵	찹쌀가루 ················· 300g

✳✳✳ 조리과정

1. 오가피 껍질은 흐르는 물에 씻어 물 1000cc를 부어 30분간 달인다.

2. 찔레순을 구입하여 잎을 따서 흐르는 물에 씻어 채반에 물기를 뺀다(가급적이면 최대한의 수분을 제거하기 위해 선풍기바람에 말리는 것도 좋다).

3. 까나리젓국에 1과 다진 마늘을 넣고 찹쌀가루를 풀어 함께 섞는다.

4. 2에 1을 버무려 항아리에 담고 3개월 이상 보관한다.

감초

감초는 다년생목본으로 줄기는 30~90cm이고, 잎은 4~8쌍의 쪽잎으로 겹잎이며 11~12월이 채취시기로 적당하다. '동의보감'에는 "근육과 뼈를 튼튼하게 하고 영양 상태를 좋게 할 뿐만 아니라, 모든 약의 독성을 해독하고 72가지 석약(石藥)과 1200가지 초약(草藥)과 서로 조화하여 약효를 잘 나타나게 하므로 별명을 국노(國老 : 나라의 원로, 즉 약의 원로)라 한다"고 적혀있다. 약선에서는 해독작용과 진정작용을 나타낸다.

우슬

우슬은 마치 소의 무릎 같다 하여 쇠무릎풀이라 하였다. 골수를 보충해 주는 효능을 가지고 있고 허리나 등뼈가 아플 때 또는 무릎이 아파 굽혔다 폈다 하기 어려울 때 우슬 달인 물을 차로 마시면 호전된다고 한다.

천궁

원래는 궁궁(芎藭)이라고 하였는데, 중국 사천성에서 수확한 것이 최상품이라 하여 천궁이라고 한다. 방향성 휘발성분이 강하여 반드시 끓는 물에 담그거나 볶아서 필히 기름 성분을 제거한 후 치선하여야 한다.

藥膳

은행잎 황두 마피탕

짜고
따뜻한성질 | 황두

은행잎 | 나토키나아제(nattokinase) 함유
달고 따뜻한성질 | 중풍예방

건강 조리 메신저 코너

콩은 고혈압을 예방 또는 치료하는 데 탁월한 효과가 있다고 이미 학계에서 수없이 많은 연구 결과를 보고해왔다. 특히 콩을 발효시킬 때 생기는 나토키나아제라는 효소는 혈전용해의 기능이 있어 콩을 꾸준히 섭취하면 혈관에 쌓인 혈전이 점점 줄어든다고 한다. 유사한 작용을 하는 것이 바로 은행잎으로 은행보다 혈류순환효과가 더 크며 은행잎을 음식에 이용할 때에는 생강을 사용하지 않으니 주의하기 바란다.

은행잎 황두 마파탕 

초피나무	15g	두반장	2큰술
우슬/감초	20g	대파(흰 부분)	1/2개
황두 삶은 것	200g	청/홍초	각 1개
두부	1/2모	올리브오일	50g
다진 돼지고기	300g	국간장	약간
우리밀	1컵,	죽염	2큰술

✳✳✳ 조리과정

1. 약초는 깨끗이 씻어 물 2000cc를 넣고 30분간 달인다.

2. 소량의 약초물에 돼지고기 다진 것을 살짝 데친 후 볶는다.

3. 황두는 약초물에 삶아 껍질을 제거한다.

4. 우리밀은 팬에 기름을 두르지 않고 볶고 두부는 1×1×1㎝로 썰어 두부의 물기가 많이 제거될 때까지 볶는다.

5. 청초와 홍초, 대파는 5㎝ 길이로 채를 썰어 살짝 볶는다.

6. 2~5까지 약초물을 넣어 뭉근히 끓이다가 두반장과 고춧가루를 넣어 맛을 내고 국간장과 죽염으로 간을 한다.

숙지황 약콩 조림

생지황은 성질이 차고 맛이 쓰지만, 찌게 되면(숙지황) 감미가 증가되는데 이는 글리코시드(glycoside)와 같이 당을 함유하고 있는 약재를 가열 처리하면 분해되어 당이 나오기 때문이다. 음력 2월과 8월에 뿌리를 캐어 그늘에서 말려 쓰는데 '향약집성방'에서는 음을 보양하고 양을 억제한다고 하였고, 맥문동과 청주와 같이 쓰면 효과가 있다고 하였다.

숙지황 약콩 조림 

숙지황	30g	검은콩	200g
맥문동	20g	청주	30cc
황정	20g	쌀조청	30g

✳✳✳ 조리과정

1. 우선 검은콩은 30~40분간 물에 불린다.

2. 맥문동은 쪄서 숙지황과 함께 생수 800cc를 넣고 20분간 달여 검정물을 낸다.

3. 2에서 불린 콩을 넣는다.

4. 국물이 1/3가량 남았을 때 청주를 넣고 다 조려지면 조청으로 마무리한다.

천궁 문어산적

건강 조리 코너

문어를 모양 좋게 조리기 위해서는 삶는 과정이 중요한데 일반적으로 생수보다 약초물에서 삶는 것이 육질의 탄력을 줄 수 있고 해산물 특유의 비린 맛도 제거된다.

천궁 문어산적 

천궁/산수유/당귀 ············15g
용안 ····························20g
문어 ·························1마리
향신즙(무 30g, 양파1/3개, 배1/3
개를 모두 갈아 거즈에 내린 즙)
····························1/2컵

숙지황 우린 물(생수 1.5리터,
숙지황 20g을 넣어 우린 물)
정종 ·························1큰술
간장···························약간
조청 ···························1컵

*** 조리과정

1. 문어는 소금에 비벼 씻어 다리를 모두 가로로 칼집을 먼저 내고
   길게 세로로 2등분한다.

2. 숙지황을 제외한 약초를 1.5ℓ의 물에 넣고 20분 가량 달여 그
   물에 문어를 삶는다. 이때 4에서 사용할 조림용 약물을
   1000cc 남겨놓는다.

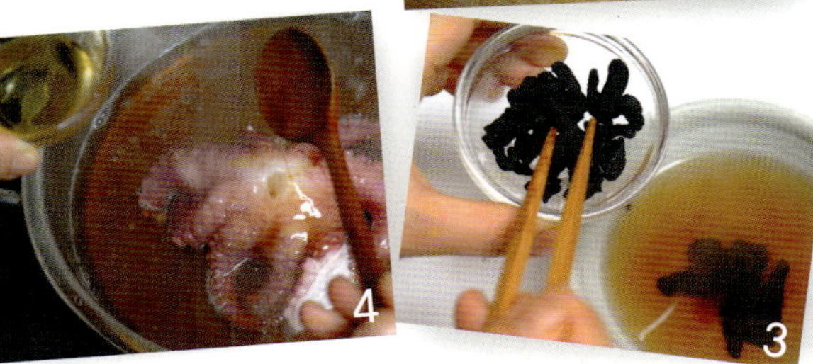

3. 숙지황은 따뜻한 물에 넣어 까만 물이 나올 때까지
   우려낸다.

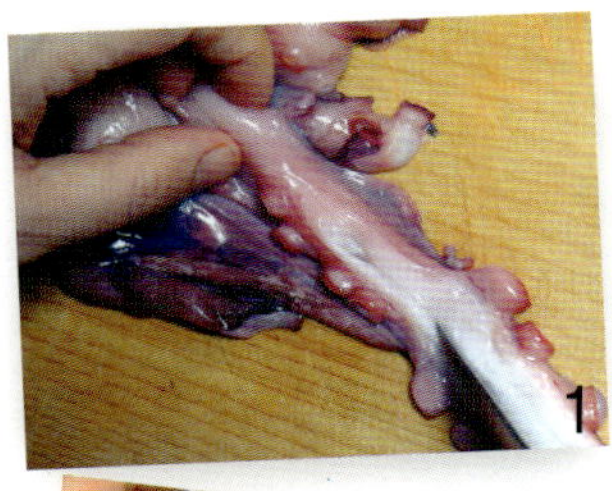

4. 넓은 팬에 향신즙과 조림용 약물, 숙지황
   우린 물, 간장 약간을 함께 넣고 문어를 넣어
   30분 정도 색과 맛이 배게 한 후 불에서 조
   리는데 다 익을 때쯤 되면 조청을 넣고 마무
   리한다.

백복령 목이버섯 수제비

복령은 벤 지 5년 이상된 소나무의 뿌리 밑에서 자라는 버섯의 일종으로 스트레스를 심하게 받은 사람들은 저항력이 떨어지게 되는데 버섯에 있는 β-글루칸이라는 성분이 면역기능을 활성화하여 저항력을 높여주는 역할을 하게 된다. 또한 복령 목이버섯 수제비의 재료들은 단맛을 내는 백령 목이버섯이 많이 있으니 간장과 죽염의 양을 조절해야 조화를 이룰 수 있을 것이다.

백복령 목이버섯 수제비 

백복령가루	3큰술	감자/파뿌리	1개
우리밀가루	2컵	다시마(건)	1쪽
목이버섯	50g	무	1/4개
표고버섯	3개	메추리알	10개
느타리버섯	20g	국간장	1큰술
호박/대파	1/2개	죽염	1큰술

*** 조리과정

1. 다시마, 무, 파뿌리를 물에 넣고 국물을 만든다.

2. 우리밀가루에 백봉령가루와 메추리알, 죽염을
   넣고 1을 약간 부어 반죽을 하고 젖은 베보자
   기에 싸서 상온에서 30분간 숙성시킨다.

3. 호박과 감자는 반달모양으로 썰고 대파는
   채를 썬다.

4. 냄비에 1을 넣고 감자, 호박 순으로 넣어
   끓으면 반죽을 손으로 뚝뚝 떼어 넣고
   표고, 느타리, 목이를 넣어 주걱으로 저어준
   후 국간장으로 간을 하고 대파를 넣은 후 불을 끈다.

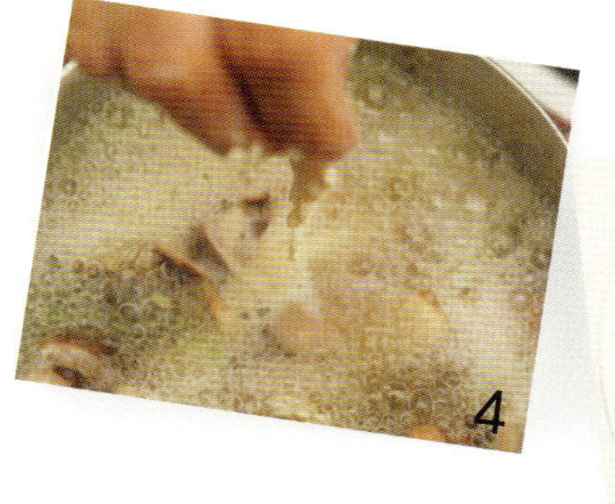

잔대 홍합 스파게티

달고
따뜻한 성질 홍합

잔대 칼슘(Ca) 함유
달고 따뜻한 성질 골다공증예방

건강 조리 [메신저] 코너

잔대는 초롱꽃과의 여러해살이풀로서 산나물과 튀김으로 이용하고 있다. 특히 뿌리는 약용으로 인삼만큼이나 강정효과가 커서 무침으로도 아주 좋다. 특별한 병에 무관하게 다양한 조리법으로 활용하면 현대인들이 피로를 극복할 수 있는 좋은 식품이다.

잔대 홍합 스파게티 

잔대	20g	편마늘	3개
인동초	15g	청경채/스파게티면	100g
홍합	200g	들깨가루	2큰술
완두콩	50g	청·홍피망	1개
된장	3큰술	올리브오일/죽염	약간

✱✱✱ 조리과정

1. 잔대와 인동초는 물 1000cc를 부어 약 20분간 끓인다.

2. 1에 스파게티면을 삶아 물기를 제거한 뒤 팬에 올리브오일을 두르고 편마늘을 넣어 볶고 면을 넣어 같이 볶는다.

3. 홍합은 1에 살짝 데친다.

4. 청경채도 1에 아삭하게 데쳐 물기를 제거하고 올리브오일을 두른 고열의 팬에서 살짝 볶는다.

5. 청·홍피망은 네모썰기를 한다.

6. 팬에 된장과 들깨가루를 섞고 약초물을 약간 부어 걸쭉하게 되면 죽염으로 간을 맞추고 위의 모든 재료를 넣고 양념이 졸아들게 만든다.

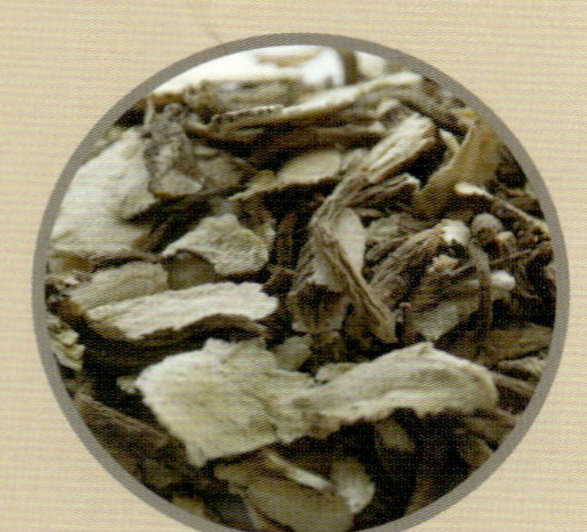

당귀

심산유곡 암자에서 자란다 하여 '승검초'라 불리는 당귀(當歸)는 향이 강하여 옛 양반들은 지금의 향수 대용으로 당귀 삶은 물에 목욕을 하여 향기가 나도록 했다는 기록이 있다. 당귀는 여성들을 위한 약으로 꼽히는데 인삼은 기(氣)를 도와주지만 당귀는 혈(血)을 만들어 보충하는 효과가 뛰어나 사물탕(四物湯 : 피를 보충해주는 약으로 여성보약의 기본)의 대표적인 약으로 사용되기도 한다.

초피

초피나무는 귀신을 쫓는 나무로 알려져 있으며 씨앗은 약재로 사용한다. 꽃은 5~6월에 피며, 열매는 9~10월에 열리고 어혈을 풀고 몸에 나쁜 균을 억제시켜주는 성분이 있는데 기름을 짜서 풍치예방에 사용해도 효과적이다.

산사

산사는 우리말로는 '아가위'라고 하며, 장미과에 딸린 식물의 열매로 '당구자'라고도 하는데 약용으로는 '산사육'으로 부른다. 산사는 9월에 열매가 열리고 채취시기는 10~11월이 적당하다.

작약

미나리아재빗과의 백(白)작약, 산(山)작약, 호(胡)작약, 적(赤)작약 등의
총칭으로서 뿌리가 한약재로 쓰이고 있고 채취 시기는 11월이 적당하다.
효능은 혈액을 순환시켜 어혈을 풀어주고 항균, 항바이러스 작용을 가지
고 있다.

산수유

산수유 열매는 붉은데 살이 통통하고 윤기가 있다. 그래서 '산(山)- 붉다
(茱)-살찌다(萸)'라는 뜻으로 '산수유'라고 한다. 3~4월에 꽃이 피고,
8~10월에 열매가 붉은색으로 열린다.

두충

두충은 근골을 단단하게 하여 장기복용하면 몸이 가벼워진다고 하였다.
본 책의 두충 연근조림에서 연근을 조릴 때 간장으로 색과 맛을 내어 까
맣게 만드는 게 보편적인 방법이지만 실제로 연근에 함유되어 있는 탄닌
성분은 소염작용을 하는 것으로 알려져 있는데 오랜 시간 조리는 음식을
할 경우 화학반응이 일어나 탄닌이 유출, 감소되어 결국 연근자체의 떫은
맛의 탄닌을 섭취함으로써 기대하는 예방이나 치료효과를 보기 어려운
것으로 해석된다.

선인장 배추 물김치

건강 조리 메신저 코너

우리나라에서는 고려시대부터 김치를 의미하는 '저(菹)'가 등장해 '고려사' 제60권 예지 14권 새벽관제 진설표에 4종, 즉 부추저, 순무저, 미나리저, 죽순저가 있었다는 기록이 있고 여귀풀과 같은 야생초를 이용한 김치도 있었으니 김치발달의 시초라 할 수 있다. 특히 조선시대 말에 와서는 통배추의 재배로 인해 배추가 김치의 주재료로 등장하게 되면서 고추를 양념으로 사용하게 되었고 '증보산림경제'에서 소개하는 김치류만 40여 가지가 넘으니 우리 김치의 역사는 세계적으로 인정받을 만하다고 할 수 있다.

선인장 배추 물김치 

선인장가루	6큰술	배	3개
배추	5포기	마늘	30개
무	1과 1/3	생강	5톨
깐밤	20개	매실즙	2컵 반
미나리	2단	소금	3컵 반
대추	20개		

*** 조리과정

1. 배추는 깨끗이 씻어 겉을 제거하고 소금으로 절인다(일반 배추 절일 때보다 조금 세게).

2. 적당량의 생수에 백련초로 색을 내는데 이때 반드시 고운체에 밭쳐 내린다.

3. 대추는 깨끗이 씻어 씨를 제거하고 돌려 깎아 곱게 채를 썰고 밤도 채를 썬다.

4. 미나리는 잎과 줄기를 5cm 길이로 썰어 3과 함께 소금으로 약간 간을 하였다가 배추 속에 넣고 미나리로 꼭 싸맨다.

5. 배와 무는 껍질을 벗겨 적당히 썰고 믹서기에 마늘과 생강을 함께 넣어 갈아 망에 거즈를 씌워 완전히 걸러낸다.

6. 2와 3을 섞고 남은 생수를 부어 매실즙과 소금으로 맛을 조절한다.

7. 절인 배추에 백련초물을 부어준다.

세신 연잎밥

달고 따뜻한 성질　연잎

세신　아스파라긴산(aspartic acid) 함유
맵고 따뜻한 성질　거담작용

세신 **연잎밥** 

세신	50g	밤	2개
초피나무껍질	20g	대추	5개
오가피	20g	수삼(잔뿌리)	3뿌리
멥쌀	80g	은행	12알
연잎	4장		

✳✳✳ 조리과정

1. 찹쌀은 5~6시간 물에 불려 체에 밭쳐 물기를 제거한다.

2. 세신, 초피나무껍질, 오가피에 물 800cc를 부어 30분간 우려 낸다.

3. 밤은 껍질을 까 4등분하고 대추는 씨를 제거한 후 먹기 좋게 썬다.

4. 잔 수삼은 깨끗이 씻어 밤처럼 썰고 은행은 껍질을 벗긴다.

5. 1과 3을 함께 섞고 2의 물을 부어 밥을 지은 다음 연잎으로 싸서 먹기 직전에 대나무통에서 한 번 찐다.

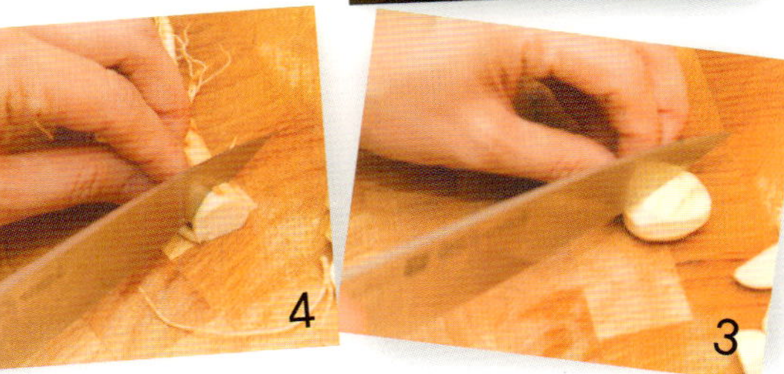

황기 닭불고기

시고
따뜻한 성질 | 닭

황기
달고 따뜻한 성질 | 리놀레산 (linolenic acid) 함유
강장작용

황기 닭불고기는 우선 몸을 따뜻하게 해주는 보양음식의 대표라 할 수 있다. 닭가슴살 50g은 0.3mg의 비타민 B_6를 함유하고 있는데 비타민 B_6는 지방간을 예방하는 기능을 가지고 있어 간기능보호에 좋은 식품이다. 그러나 한의학에서는 닭은 기운을 돋우는 효능을 가지고 있다고 하지만 날개부분을 많이 먹으면 열로 인해 풍이 생기기 쉽다고 하였는데 이를 영양학적으로 풀이해보면 닭은 메치오닌(methionine)과 같은 필수아미노산을 다량 함유하고 있고 특히 날개부위에는 동물성단백질이 다른 동물성식품에 비해 월등히 많기 때문에 과다한 아미노산의 섭취는 통풍유발과 무관하다 할 수 없으니 열이 많은 체질은 유념하기 바란다.

황기 닭불고기  

감초/우슬	15g	마늘즙	2큰술
대추/황기	20g	청초	1개
닭	1마리	홍초	1개
콩나물	300g	깻잎	5장
포도주	1컵	들기름	1큰술
양파	1/2개		

✳✳✳ 조리과정

1. 물 1000cc에 약초를 넣고 20분간 끓인다.

2. 닭은 뼈와 껍질을 제거하고 큼직하게 편을 떠서 포도주와 마늘즙, 양파즙을 섞은 양념에 재운 후 충분히 간이 들면 들기름에 겉만 노릇노릇하게 살짝 굽는다(속은 안 익는다).

3. 콩나물은 약초물에 살짝 찐다.

4. 청초와 깻잎은 채를 썰고 홍초는 다져서 기름에 볶다가 2를 넣고 다시 굽는다.

5. 4에 콩나물을 함께 섞는다.

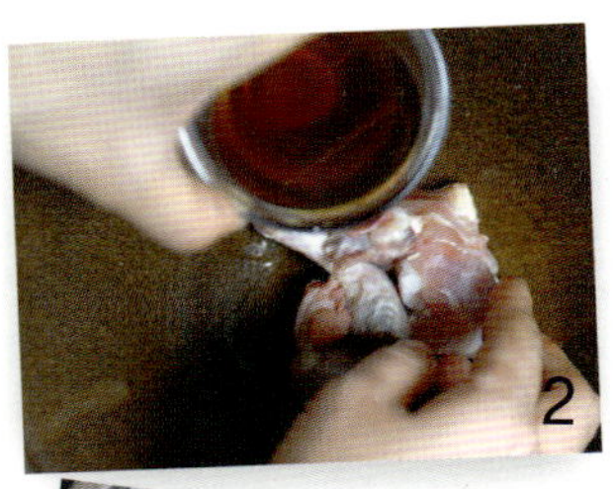

두충 연근 조림

맵고 찬성질　연근
두충　렉틴(lectin) 함유
달고따뜻한성질　폐렴개선

두충 연근 조림 

두충	50g	들깨가루	5큰술
우슬	15g	해바라기씨	1큰술
연근	1개	당귀잎	약간
은행	5알	죽염	1작은술

✳✳✳ 조리과정

1. 두충과 우슬은 흐르는 물에 깨끗이 씻는데 두충은 팬에 볶아서 사용하고 냄비에 물 1000cc를 넣고 함께 달여 약 800cc를 만든다.

2. 연근의 껍질을 솔로 긁은 후 우엉은 가늘게 채를 썰고 연근은 먹기 좋게 잘라 찬물에 담근다.

3. 1의 물 약간을 믹서기에 넣고 들깨가루와 해바라기씨를 함께 간다.

4. 3에 약초물을 붓고 연근을 넣고 죽염으로 간을 하고 당귀잎을 넣자마자 불을 끈다.

들깨 곳감 무침

달고 차가운성질	곳감
들깨 달고 차가운성질	구연산 (citric acid) 함유 방광염 완화

감이나 곳감은 차가운 성질이 있고 섬유질이 많아 배변을 원활하게 도와주지만 홍시는 오히려 변비에 걸리게 할 수 있으니 많이 섭취하는 것은 피하는 것이 좋다. 특히 곳감은 구연산이 많은데 이는 인체효소들의 활동을 촉진시켜주는 역할을 하여 체내 노폐물을 대청소하게 된다. 찔끔찔끔 소변이 시원하지 않다면 곳감과 들깨무침으로 효과를 보도록 권하고 싶다.

인진쑥

가을이 지나면 잎이 마르지만 줄기는 겨울이 지나도 죽지 않는다 하여 인
진호라고도 한다. 거담작용과 살균효과가 있는데 음식에 이용할 때는 향
이 너무 강해서 양의 조절이 중요하며 차로 활용할 때는 쑥 30g에 생수
600ml로 우려낸다.

파뿌리

파는 열성식품으로 몸을 따뜻하게 해주므로 음체질에게 좋은 식품이다.
파는 유화아릴성분이 있어 산소와 함께 있을 때 소화가 잘 되도록 도와주
는데 주로 피로를 잘 느끼고 저항력이 낮은 소음인들에게 면역력을 강화
시켜줄 수 있으니 자주 이용해보도록 한다. 그러나 파는 꿀이나 대추와
함께 이용하면 오히려 혈액순환에 장애를 줄 수 있다.

목이버섯

버섯에 있는 β-글루칸이라는 성분이 면역기능을 활성화하여 저항력을 높
여주는 역할을 하게 된다.

약선 조리 02

통마늘 오미자 탕수초

위액분비를 촉진해주는 마늘은 건강식품으로
인정받은 명약이라 할 수 있을 만큼 다양한
효능이 검증되어 오고있다. 한식에서는 주로
마늘을 다져서 찌개나 조림에 많은 양을 사용
하지만 서양에서는 즙을 내어 소스에 활용을
하거나 통마늘을 까맣게 구워 마늘향을 제거
하여 먹기도 한다. 그러나 실제로 마늘이 좋다
하여 한꺼번에 다량을 먹으려 하지만 생것은
하루에 1~2쪽 정도, 구운 것은 3~4쪽 이상은
섭취하지 않는 것이 바람직하다.

통마늘 오미자 탕수초  

오미자	100g	살구 말린 것	20g
감초	20g	가지	1/2개
통마늘	10개	찹쌀가루	20g
대추	10개	올리브오일	적당량
은행	10알	죽염	1큰술
단호박	1/4개	매실즙	1큰술

✳✳✳ 조리과정

1. 오미자 100g과 감초를 따뜻한 물(40℃) 800cc에 우려낸 액에 찹쌀가루를 넣어 갠 다음 끓여서 죽염과 매실즙으로 간을 한다.

2. 찹쌀가루 갠 물을 씨를 제거한 대추 안쪽에 바르고 통마늘도 그 액을 묻혀 대추로 돌돌 말아 묻힌 후 튀긴다.

3. 은행은 프라이팬에 살짝 볶아 껍질을 제거한다.

4. 단호박은 껍질을 까고 먹기 좋은 크기로 잘라 살짝 찐다.

5. 가지는 꼭지를 제거한 후 1/4로 갈라 1.5cm 두께로 썰고 찹쌀가루와 전분가루로 옷을 입혀 튀긴다.

6. 말린 살구는 먹기 좋은 크기로 썬다.

7. 1에 위의 모든 재료를 섞어 접시에 담는다.

구지뽕 어선 말이 찜

달고 따뜻한 성질	상어고기
우슬 쓰고평한성질	스쿠알렌(squalene) 함유 간기능회복

구지뽕 어선 말이찜 

구지뽕나무껍질	30g	우엉	1/2개
대나무잎	10g	묵은 김치	50g
우슬	15g	메추리알	10개
상어살	80g	방아잎	약간
법주	1큰술	죽염	약간
홍고추	1개	간장/물엿	1/2컵
청고추	2개	생수	1컵
마늘	3톨		

*** 조리과정

1. 대나무잎, 우슬을 깨끗이 씻어 물 1000cc를 넣고 30분간 우린다.

2. 상어살은 김밥말이를 하기 좋은 크기로 넓고 얇게 포를 뜬다.

3. 1과 법주를 넣은 물에 살짝 데쳐놓는다.

4. 홍고추와 청고추는 깨끗이 씻어 꼭지와 씨를 제거하고 곱게 채를 썬다.

5. 우엉은 껍질을 벗겨 곱게 채를 썰어 간장과 물엿을 넣고 조린다.

6. 메추리알은 지단을 부쳐 길게 썰어둔다.

7. 방아잎은 다지고 묵은 김치도 다져 물기를 꼭 짜둔다.

8. 김밥발 위에 랩을 깔고 상어살을 펴서 그 위에 3, 4, 5, 6을 차례로 얹어 김밥발로 단단하게 말아둔다.

9. 완성된 7을 먹기 좋은 크기로 썰어 접시에 담는다.

박하 갈치 키레구이

짜고 찬 성질	갈치
박하	구아닌(guanine) 함유
맵고 찬 성질	염증완화

건강 죠리 갈치는 가을에 제 맛을 내므로 '가을갈치'를 손꼽는데 은백색의 광택을 띤 것이 싱싱한 생선으로서 구아닌이라는 색소를 함유하고 있다. 그러나 한의학에서는 갈치의 비늘이 두드러기를 일으킨다고 하고 피부병이 있을 때 먹으면 더 악화한다고 하였으나 박하와 함께 사용하면 이런 염려되는 부분을 중화시킬 수 있다.

박하 갈치 카레구이 

박하	20g	카레가루	2컵
녹차잎	15g	쌀가루	2컵
갈치	1마리	올리브오일	적당량

*** 조리과정

1. 갈치는 적당한 크기로 잘라 가시를 제거한다.

2. 박하 우린 물에 담근다.

3. 갈치를 먼저 쌀가루에 묻힌 후 카레가루를 입힌다.

4. 팬에 올리브오일을 두르고 3을 굽는다.

카레(Curry)

카레는 향신료 중 대표적인 것으로서 강황이라는 식물에서 추출되는 노란색 색소에는 쿠르쿠민이라는 성분이 다량 함유되어 있어 항염효과가 있다.

유근피 오채 수프

맵고 따뜻한 성질	무
유근피 달고 평이한 성질	디아스타제(diastase) 함유 기침,거담 작용

유근피 오채 수프  

느릅나무뿌리(유근피) ···15g	토마토 ·····················2개
시금치 ·····················100g	배추 ·····················1/4포기
무 ·····················1/2개	우유 ·····················1컵
당근 ·····················1개	죽염 ·····················약간

✳✳✳ 조리과정

1. 느릅나무뿌리를 물 800cc를 붓고 20분간 달인다.

2. 시금치, 무, 당근, 토마토, 배추를 1의 약액에 넣고
   다시 30분을 달인다.

3. 당근과 토마토를 체에 내린다.

4. 3을 걸쭉하게 만든 다음 우유를 넣는다.

5. 죽염으로 간을 한다.

천마 호두탕

달고 평이한 성질   호두
천마   비타민A 함유
맵고 평이한 성질   동맥경화예방

건강 죠리 맥선재 크녀

천마는 민망하게도 생식기를 닮았다고 하여 '수자해좆'이라는 이름으로 불리기도 하며 난초과의 여러해살이풀로서 9월에 열매가 열리고 11월에 채취를 한다. 천마는 풍을 없애고 입맛을 돋우지만 많이 먹으면 담음이 생긴다고 하니 유의하는 것이 바람직하다.

천마 호두탕

천마	1뿌리	느타리/양송이	20g
오가피	15g	표고	5장
감초	10g	호두	1/2컵
삼백초	15g	미나리/대파/죽염	약간

*** 조리과정

1. 천마는 깨끗이 씻고 껍질은 솔로 살살 벗겨낸다.

2. 약초는 물을 부어 20분간 끓인다.

3. 호두는 약초물에 데쳐 껍질을 제거한다.

4. 각종 버섯과 미나리는 손질하여 먹기 좋게 썬다.

5. 대파는 흰 부분만 썬다.

6. 약초물에 천마와 호두를 넣고 죽염으로 간을 먼저
   한 다음 버섯, 미나리, 대파를 넣어 끓인다.

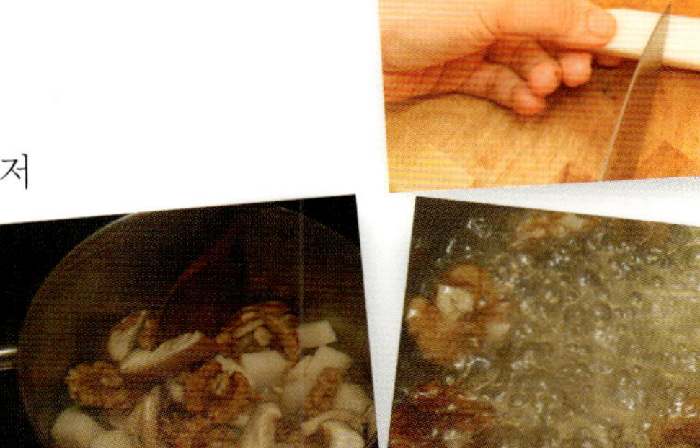

세신

족두리풀이라고 하는 세신은 기침으로 인한 질환이 있을 때 간기능을 보호해주는 역할을 한다. 일명 소신이라고도 하며 음력 2월과 8월에 뿌리를 캐어 그늘에서 말려 쓰고 결명씨나 양의 간과 함께 쓰면 눈이 아픈 것에 효과가 크다.

은행

은행은 한식요리에서는 빠지지 않을 정도로 많이 활용되고 있는 식품으로서 동의보감에서는 천식과 기침을 다스린다 하였다. 껍질을 벗겨 볶은 후 조청에 졸여 먹기도 하고 모과차와 함께 먹으면 효과가 더 상생된다.

박하

갈치는 가을에 제 맛을 내므로 '가을갈치'를 손꼽는데 광택이 은백색을 띤 것이 싱싱한 생선으로서 구아닌이라는 색소를 함유하고 있다. 그러나 한의학에서는 갈치의 비늘이 두드러기를 일으킨다고 하고 피부병이 있을 때 먹으면 더 악화한다고 하였으나 박하와 함께 사용하면 이런 염려되는 부분을 중화시킬 수 있다.

채근담

병은 사람의 눈에 보이지 않은 곳에 생겨 반드시

사람이 보는 곳에서 나타난다.

산수유 가지볶음

짜고 찬 성질　가지

산수유　식물성유황 함유
시고 따뜻한 성질　기미개선

산수유 가지볶음 

산수유	20g	청피망/홍피망	1/3개
가지	2개	파프리카	1/3개
콩고기	30g	간장	3큰술
양송이	20g	올리브유	약간

✽✽✽ 조리과정

1. 산수유를 물에 넣고 20분간 끓인다.

2. 가지는 꼭지를 제거하고 길게 +자로 잘라 약초물에 살짝 찐 후 찬물에 헹구지 않고 식힌 채 손으로 쪽쪽 찢는다.

3. 피망과 버섯은 채 썬다.

4. 팬에 올리브유를 두르고 간장과 약초물을 넣고 청·홍피 망, 파프리카, 버섯의 순으로 볶다가 가지를 마지막에 함께 넣어 볶는다.

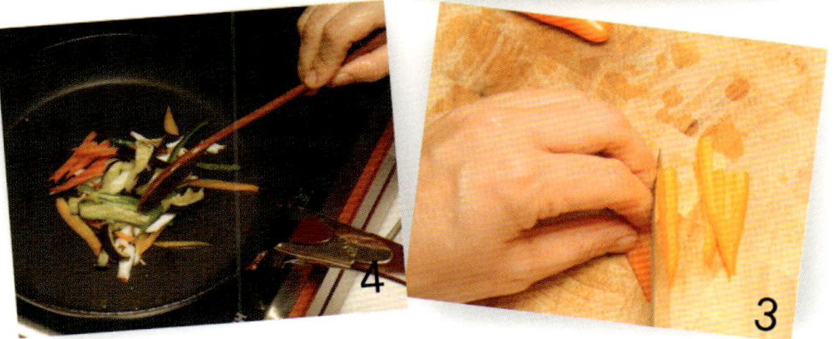

회향 닭 모래전

건강 조리

회향을 음식에 사용하면 특히 동물성식품들의 나쁜 냄새를 제거해줄 수 있다. 닭모래집에 들어 있는 노란색 나는 거내금은 위장 기능에 도움이 되나 질기므로 산사를 이용하여 육질을 부드럽게 해주니 천연 연육제로서 효과적이라 할 수 있다.

회향 닭 모래전  

회향	15g	쌀가루	1컵
산사	20g	홍초	2개
독활	10g	간장/소금/올리브오일	약간
닭모래집	150g	파슬리	약간
메추리알	30개		

✳✳✳ 조리과정

1. 물 500cc에 약재를 넣고 20분간 끓인다.

2. 닭모래집은 구린내가 많이 나므로 소금으로 비벼 깨끗이 씻는다.

3. 약초물에 데쳐낸다.

4. 메추리알을 깨뜨려 쌀가루와 파슬리 다진 것을 넣어 함께 섞는다.

5. 4에 간장으로 간을 하여 쌀가루 옷을
   입히고 지져낸다.

어성초 고등어 쌈장

달고 찬 성질　고등어

어성초　비타민 B₂ (Riboflavin) 함유
맵고 따뜻한 성질　심장병예방

육질이 연해 부패되기가 쉬운 고등어는 에이코사펜타엔산(EPA)이 들어있어 심장을 튼튼하게 해준다. 주로 굽거나 쪄서 먹어야만 그 효과를 충분히 볼 수 있는데 흔히 고등어를 지지거나 구운 날에는 주방에 온통 고등어 비린내가 진동을 하니 어성초와 같은 재료를 구입하여 우려낸 물에 조리거나 말린 잎을 파우더형태로 만들어 구울 때 위에 뿌려주면 소화도 잘되고 효과적이다.

어성초 고등어 쌈장 

감초	20g	된장	5컵
어성초	30g	청초	2개
겨울초	200g	홍초	1개
고등어	1마리	마늘	3개

✳✳✳ 조리과정

1. 약초에 물 800cc를 부어 15분간 끓여서 식힌다.

2. 고등어는 껍질을 벗기고 약초물에 쪄서 가시를 제거한다.

3. 고등어의 살을 으깨서 재래된장을 버무려놓는다.

4. 청초, 홍초, 마늘은 다져 2에 섞는다.

5. 겨울초는 흐르는 물에 씻어 살짝 데쳐 물기를
   꼭 짠다.

6. 겨울초에 4를 버무린다.

통마늘

위액분비를 촉진해주는 마늘은 건강식품으로 인정받은 명약이라 할 수 있을 만큼 다양한 효능이 검증되어 오고있다. 한식에서는 주로 마늘을 다져서 찌개나 조림에 많은 양을 사용하지만 서양에서는 즙을 내어 소스에 활용을 하거나 통마늘을 구워 마늘 향을 제거하여 먹기도 한다. 그러나 실제로 마늘이 좋다하여 한꺼번에 다량을 먹으려 하지만 생것은 하루에 1~2쪽 정도, 구운 것은 3~4쪽 이상은 섭취하지 않는 것이 바람직하다.

토마토

비타민 C가 다량 함유되어있고 호르몬 생성에 도움을 주는 비타민 E가 함께 존재하여 여성에게 좋은 식품이다. 또한 '루틴'이라는 심혈관계에 도움을 주는 물질은 콜레스테롤을 저하해 혈압을 떨어뜨리는 역할을 한다. 토마토에 들어있는 또 다른 중요한 물질은 '리코펜'인데 활성산소의 형성을 억제하여 노화를 예방하는 작용을 하니 하루 한 개의 토마토로 우리 건강에 활력을 가져보도록 한다.

사과

식물성 섬유의 페틴성분이 다량 함유되어있어 변비와 설사가 있는 분들이 즐기는 식품이다. 밤에 먹는 사과는 독이라는 말이 있듯이 아침 식후 먹는 게 더 효과적일 것이다.

들깨

참깨는 몸이 냉한 체질(태음이나 소음)에 어울리고 들깨는 열체질(태양이나 소양)에 맞는 식품으로서 기름이나 무침용으로 상용되고 있지만 사실 들깨잎을 튀기거나 쪄서 된장에 쌈을 싸 먹는 것도 좋은 방법이다.

해바라기씨

해바라기씨는 맛이 고소하여 가루로 내어 무침류나 찌개류에 천연 양념으로 활용한다. 씨 이외에 꽃잎으로 술을 담가 마시게 되면 혈액순환이 원활해져서 동맥경화가 있는 분들에게도 도움이 된다.

〈약죽〉

약재나 약초물, 쌀 등의 곡류를 같이 끓여서 만든 약죽은 예로부터 장수하고 병을 예방하고자 하는 이들의 선식으로 중요하게 여겨왔다. 중국 남송(南宋)의 류유는 "세인(世人)은 음식으로 모두 장수하는 방법을 배우려하지만 신선으로 가기 위해서는 죽(粥)을 상용함이 옳다"고 하였고 '본초강목'에서는 "매일 아침에는 죽을 먹어야 한다. 그리고 위 속이 비었을 때 곡식으로 만든 음식을 먹어야 하는데 죽은 극히 부드러워서 장과 위가 모두 필요로 하니 음식 중에 가장 오묘한 것이라고 할 수 있다"라고 하였다. 이렇듯 죽식(粥食)은 비위를 길러주고 진액을 생성시키며 소변을 이롭게 하고 뱃속이 더부룩하게 불러오는 창만증을 제거하며 갈증해소를 도와주고 기운이 나게 하는 작용이 있어 그 쓰임새가 광범위할 뿐 아니라 효과도 우수하다고 하였으니 계절적인 특성에 따라 사용해야 한다는 점을 고려해보자(문헌 : 약선조리학).

백편두 50g, 녹두 50g, 현미찹쌀 100g, 죽염 약간

백편두 녹두죽

*** 조리과정

1. 백편두는 푹 삶아 체에 으깬다.

2. 녹두는 푹 삶아서 체에 거른다.

3. 녹두 삶은 웃물을 따라내고 백편두 으깬 것과 현미찹쌀과 함께 끓인다.

4. 쌀알이 퍼지기 시작하면 녹두앙금을 넣어가면서 눌어붙지 않도록 나무주걱으로 저어준다.

5. 죽염으로 간을 한다.

녹두 술 중독에도 효과적이고 특히 갈증이 나게 하는 당뇨에도 활용해 보도록 한다. 그러나 잉어와는 역궁합이니 주의하기 바란다.

까치콩이라 불리는 편두는 설사에 약효가 뛰어나며 약으로 반드시 쓸 때는 검은 것보다 흰 것을 써야 한다.

의이인 밤죽

*** 조리과정

1. 의이인을 곱게 간다.
2. 밤은 삶아서 방망이로 으깨놓는다.
3. 차조기잎과 귤껍질을 물에 부어 15분 간 끓인다.
4. 솥에 참기름을 넣고 달구어 1을 넣고 노릇하게 볶는다.
5. 3에 2를 알맞게 부어 끓이다가 죽염으로 간을 한다.
6. 먹기 직전에 부추를 고명으로 얹어도 좋다.

의이인 200g, 밤 10개, 차조기잎 30g, 귤껍질 10g, 부추 10g, 참기름 약간, 죽염 약간

율무

심폐기능에 많은 도움이 되는 율무는 일명 기실이라 하여 못가나 논밭에 심기도 한다. 음력 8월에 거두어들여 사용하는데 옛날에는 헌데가 생긴 사람이 율무 달인 물을 마시거나 그 부위를 그 물로 씻어내었다고 한다. 또한 씨를 쪄서 양건(햇볕에 말림)하여 갈아 밥이나 국수를 만들어 먹기도 하였다.

차조기

차조기 생잎은 비타민 A, C, 칼슘 등의 미네랄이 많이 들어있어 귤껍질과 달여 마시면 효능이 있으며 생선을 먹고 체했을 때 차조기 생잎을 즙을 내어 소주 한 잔과 마시면 진정이 된다 한다.

백편두 50g, 녹두 50g, 현미찹쌀 100g, 죽염 약간

백출 깨죽

1. 백출을 물 500cc를 붓고 20분간 끓인다.

2. 멥쌀은 깨끗이 씻어 물에 담가 30분 이상 불린다.

3. 검은깨는 체에 밭쳐서 그대로 불린다.

4. 멥쌀과 검은깨를 백출을 달인 물과 함께 믹서에 곱게 간다.

5. 냄비에 4를 붓고 백출물을 내용물의 10배 정도 넣은 다음 중불에서 끓이다가
   물 양이 줄어들면 불을 약하게 줄이고 죽염으로 간을 한다.

백출 음력 2~3월과 8~9월에 뿌리를 캐어 양건(해볕에 말림)하여 혈압강하제로 사용되고 있는 삽주 뿌리 백출(白朮)은 뿌리가 마치 생강 같은데 반드시 쌀뜨물에 2일 동안 담갔다가 씻어 껍질을 긁어 쓰며 배추나 복숭아, 청어 등을 꺼려한다고 하였다.

검정 깨의 식물성지방성분은 칙칙한 피부를 개선해주는 데 큰 역할을 하는데 검정깨와 같은 검정 식품은 주로 신장기능과 관계있어 신장기능이 떨어지면 피부가 탁해지고 기미나 주근깨, 건조증 등이 생기므로 신장기능을 강화시켜주는 검정깨를 섭취함으로써 피부가 윤택해져 노화를 억제하게 된다.

연잎 3장, 갓잎 10장, 잉어 1/2마리, 팥 1컵,
멥쌀 100g, 죽염 약간

잉어 팥죽

1. 연잎과 갓잎에 잉어를 넣고 잠길 만큼 물을 부어 푹 삶는다. 그러면 잉어의 비린내가 완전히 제거된다.

2. 팥은 하룻밤을 불려 삶고 멥쌀도 2~3시간 불려놓는다.

3. 삶은 잉어는 껍질을 벗기고 살을 뜯어 거즈 위에 놓고 돌돌 말아 방망이로 두들겨 살을 으깨어놓는다.

4. 멥쌀의 10배 가량의 팥 삶은 물을 넣고 나무주걱으로 저어주면서 쌀이 풀어져 톡톡 튈 때 잉어살을 넣어주는데 이때 죽염으로 간을 맞춘다.

잉어

'향약집성방'의 '도은거'에서는 잉어를 물고기 가운데서 제일 좋은 고기로 표현하였고 돼지간과 같이 먹으면 병이 생긴다고 하였다. 잉어에 쌀과 마늘을 넣고 푹 고아 태음인의 산모에게 먹이면 기력도 회복되면서 아주 좋은 건강식이 될 것이니 참고하기 바란다.

팥

'본초강목'에서는 팥은 "전염병을 막는다. 젖이 잘 나오도록 한다"고 하였는데 주로 잉어나 붕어, 누런 암탉과 같이 삶아 먹으면 소변이 잘 나오고 부종을 가라앉힌다고 하였다. 그러나 팥을 너무 오랫동안 먹으면 오히려 여윈다고 하는데 이는 체외로 수분을 배출시키는 데 보조 역할을 하는 비타민 B_1이 다량 함유되어 있기 때문인 것으로 해석된다.

달고 따뜻한 성질 | 인삼

하수오
쓰고 찬 성질 | 사포닌 함유
강장작용

구기자 15g, 인삼가루 15g, 하수오 30g, 현미찹쌀 100g,
죽염 약간

하수오 인삼죽

*** 조리과정

1. 구기자와 하수오를 물 800cc에 넣고 30분간 끓여서 체에 걸러 약액을 만든다.

2. 1에 잘 불린 현미찹쌀을 붓고 죽을 끓인다.

3. 찹쌀이 고루 퍼지기 시작하면 인삼가루를 넣는다.

4. 죽염으로 간을 한다.

하수오 하수오(何首烏)라는 사람이 먹었다 하여 붙여진 이름이다. 하수오가 태어날 때부터 성기능장애가 있어 결혼을 못하고 있었는데 술에 취해 밭에 누워있던 날 우연히 덩굴나무 한 그루에서 두 줄기의 덩굴이 엉겨 서로 교합하고 있는 것을 보고 이상하다 싶어 뿌리를 캐어 양건하여 가루로 만들어 술에 타서 7일간 마셨더니 사내의 욕망이 돋고 100일이 되니 성불능이 완전히 사라져 아들도 여러명 낳고 130세까지 살았다고 하여 하수오를 야교등(夜交藤 : 밤에 음양이 교합하는 덩굴나무)이라고도 한다.

생강 50g, 유자청 300g, 현미쌀 600g

생강유자 설기

✳✳✳ 조리과정

1. 현미는 미지근한 물에 충분히 불려서 방앗간에서 소금간을 약간하여 빻는다(일반 백설기보다 조금 거칠게).

2. 생강은 물 1컵을 넣어 믹서기에 갈아 삼베 보자기로 꼭 짜서 즙을 낸다.

3. 유자청은 그대로 사용한다.

4. 1에 3을 먼저 넣고 버무리다가 생강즙을 넣어가며 반죽의 농도를 맞춘다.

5. 찜기에 젖은 삼베 보자기를 깔고 4를 넣어 20분간 찐다.

생강 뿌리가 완전히 비대해지는 가을에 수확한 생강은 진저롤(gingerol), 쇼가올(shogaol)과 같은 매운맛을 내는 성분이 많이 함유되어 있어 소화액 분비를 자극하고 식욕을 좋게 하여 음식의 소화 흡수를 도와준다. 음식에서 생강은 주로 양념이나 차로 달여 마시는 것쯤으로 이용하였지만 떡이나 과자류, 건강청(말린 생강을 조청에 졸임)과 같은 형태로 활용해보는 것도 바람직할 것이다.

유자 비타민 C가 레몬에 비해 세 배 이상 많은 유자는 음력 10월에 주로 채취하는데 예로부터 기침이나 담을 삭이는 데 귤보다 유자가 더 좋다고 하여 묵은 유자껍질을 말려서 죽을 쑤어 먹기도 하고 달여 따뜻한 차로 마셨다는 기록이 있다. 또한 유자에는 소화가 안되거나 입맛이 없을 때 식욕을 증진시켜주는 구연산이 다량 함유되어있다.

달고 따뜻한 성질 | 수수

달고 찬 성질 | 페놀화합물 함유
인체유해물질 해독

모싯대(잎) 500g, 차수수 300g, 메수수 400g, 멥쌀 300g,
녹두거피 3컵, 호두 10g, 대추 50g, 잣 30g, 죽염 적당량

모싯대 설기

1. 모싯대잎과 차수수, 메수수, 멥쌀은 방앗간에서 소금간을 약간 하여 곱게 빻는다.

2. 녹두는 분쇄기에서 약간(반쪽) 갈아서 충분히 불려주어야 껍질이 잘 벗겨진다.

3. 거피된 녹두를 깨끗이 씻어 찜기에 삼베보자기를 깔고 찐다. 찌는 과정 중 물을 부어서는 안 되므로 물량을 처음부터 충분히 계량한다

4. 찐 녹두는 소금간을 하여 방망이로 입자가 씹힐 정도로 분쇄한다. 이때 녹두고물이 너무 질어서는 안 되므로 유의하여야 할 것이다.

5. 호두는 잘게 분쇄해놓고 대추는 씨를 제거한 후 굵은 채를 썬다.

6. 김밥발 위에 면보자기를 깔고 1을 고루 펼친 후에 호두와 대추, 잣을 가지런히 놓고 김밥말듯이 말아준다.

7. 찜기에 6을 찐 후 4의 녹두가루를 고물로 묻혀준다.

수수는 예로부터 돌상에 수수팥떡으로 반드시 올라오는 식품으로서 열매는 백색, 황갈색, 적갈색, 흑색 등이며 가을에 익으면 먹을 수 있고 줄기는 빗자루를 만들 때 쓰여진다. 수수에 들어있는 페놀화합물은 각종 암에 효과를 가지고 있는데 이는 유해물질의 해독작용이 강하기 때문으로 입증되었고 특히 태음인에게 좋다고 하니 수수떡을 자주 해 먹거나 차로 활용해보기 바란다.

모싯대는 예로부터 식중독에 걸렸을 때 생즙을 짜서 먹기도 하였고 말리었다가 나물로 무쳐 먹기도 하였다고 한다. 오늘날에는 이 같은 자연식을 접할 기회가 사라져가고 있지만 모싯대 수수설기는 건강에 소홀해지기 쉬운 현대인들의 식사대용으로 가치가 있으니 활용해보기 바란다.

녹차잎 200g, 찹쌀 400g, 대추 5개, 밤 10개, 은행 1/2컵
잣 3큰술, 쌀조청 1/2컵, 간장 2큰술, 유자청 약간, 소금 1큰술

녹차 약밥

1. 녹차잎은 거즈로 싸서 방망이로 두들기거나 손으로 비벼 잎이 부서지게 한다.

2. 찹쌀은 씻어서 5~6시간을 불려 체에 밭쳐 물기를 빼준다.

3. 찜기에 삼베보자기를 깔고 1과 2를 섞은 재료를 넣어 찌되 약 30분간 나무주걱으로 한 번씩 뒤적여준다.

4. 소금 1큰술을 생수 반컵으로 완전히 녹혀 3의 과정 중에 뿌려준다.

5. 밤은 껍질을 벗겨 되도록이면 통으로 사용하고 대추는 씨를 제거하여 먹기 좋게 썬다.

6. 은행은 팬에 기름을 두르지 말고 굴려가면서 볶아 노르스름한 색이 나오면 불에서 내려 거즈로 껍질을 벗겨준다.

7. 밤, 대추, 은행, 잣을 분량의 조청과 간장을 먼저 넣고 조리다가 불을 끄면서 유자청으로 새콤한 맛을 준다. 녹차의 쓴맛을 유자청이 감소시켜줄 수 있다.

8. 찐 녹차찹쌀밥에 7을 섞어 다시 한 번 쪄준다.

약식은 신라 소지왕(炤智王, 21대왕)때 까마귀에게 제사를 지낸 데에서 유래되었다고 한다. 정월 보름날 소지왕이 경주 남산의 천천정(天泉亭)에 거동하였을 때 갑자기 까마귀떼가 날아들어 한 마리가 한 장의 봉투를 떨어뜨린 것을 신하가 주웠는데 "이것을 뜯어보면 두 사람이 죽게 되고 뜯지 않으면 한 사람이 죽는다"고 적혀있었다. 고민 끝에 뜯어보니 "당장 환궁하시어 내전에 있는 별실의 금갑을 쏘아라"는 글귀가 있어 급히 환궁하여 금갑에 활을 쏘았더니 그 안에서 왕비와 신하가 나오더라는 것이다. 이들이 역모를 꾀하고 왕을 사살하려 했으니 이를 알려준 것을 감사하게 생각한 소지왕은 까마귀 덕에 화를 면했다하여 정월 대보름이 되면 '오기일(烏忌日, 까마귀 제삿날)'로 정하고 까마귀를 닮은 검정색의 약밥을 지어 제(祭)를 지냈다는 이야기이다.

검정쌀은 천연색소를 가지고 있어 과자나 다양한 떡, 면류 등의 재료로 사용되고 있고 백미보다 '라이신'이라는 아미노산 함량이 더 많아 변비예방에도 효과가 있다. 검정쌀의 또 다른 성분 중 '콜린'은 건망증에 도움을 주어 기억력을 향상시키는데 필요한 하루 소요량을 약 1000mg으로 볼 때 돼지의 간이 약 320mg 함유하고 있다고 하니 이보다 더 많은 양의 콜린을 함유하고 있는 흑미를 식탁에서 대용해보기 바란다.

흑미 증편

달고 평이한 성질   흑미
누룩   콜린(choline) 함유
달고 따뜻한 성질   기억력 강화

✳✳✳ 조리과정

1. 멥쌀은 하루저녁을 불려서 빻아 고운 체에 내리고 흑미는 그냥 빻는다.

2. 생수를 약 50℃ 정도의 온도로 데워서 막걸리와 조청 녹인 것을 섞고 1과 잘 섞어 멍울이 생기지 않도록 한 후 랩을 씌워준다.

3. 2를 30℃의 온도에서 약 4시간 1차 발효시킨다.

4. 3을 주무르면서 공기를 빼고 다시 랩을 씌워 2시간 동안 2차 발효를 시킨다.

5. 4의 반죽을 주무르면서 공기를 빼주고 1시간 동안 3차 발효를 시켜준다.

6. 5에 약간의 기름칠을 하여 증편틀에 7부 정도 부어서 모양을 만들어준다.

석류 원소병

*** 조리과정

1. 석류는 껍질을 벗기고 흰 막과 씨를 함께 믹서기
   에 갈아 보자기에 꼭 짜서 액을 받는다.

2. 꿀은 따뜻한 물에 녹여 1에 넣어 간을 맞춘 후
   냉장고에 미리 차갑게 보관한다.

3. 유자는 씨를 제거한 껍질과 속을 곱게 다지고 잣
   도 다져서 꿀을 약간 넣고 버무려둔다.

4. 찹쌀은 충분히 불려 물기를 빼고 소금을 약간 넣
   어 곱게 빻는다.

5. 4를 익반죽하여 3을 소로 넣고 경단 같이 작게
   빚는다.

6. 끓는 물에 5를 익혀 찬물에 완전히 식힌다. 그래
   야 잘 뜬다.

7. 차갑게 식힌 석류액에 6을 띄워 화채를 만든다.

석류(생) 10개, 꿀 2컵, 찹쌀 1컵, 유자 1개, 잣 1큰술

시고 따뜻한 성질 | 석류

꿀

달고 따뜻한 성질 | estrogen (에스트로겐) 함유

여성호르몬 생성

석류 의 껍질은 예로부터 한약재로서 쓰여지고
있으며 떫은맛이 나는 타닌성분과 씨를 싸
고 있는 흰 막에는 에스트로겐(estrogen)이 있어 부인
병에 효과적으로 사용되고 있다. 가을에 얻는 석류의
속은 생으로 섭취하고 껍질은 보관해두었다가 기침증
상 초기에 감초와 달여 마시면 도움이 된다.

호박은 당질이 풍부하고 철분과 칼슘이 함께 들어있어 소화가 잘 되는 당분이기 때문에 소화기능이 약한 분들에게 좋은 식품이다. 또한 동의보감에 의하면 이뇨작용이 탁월하여 부기가 있을 때나 소변이 잘 안 나오는 증상이 있을 때 호박을 푹 고아 먹이게 되면 약효가 있다고 하였다.

보리는 열을 식혀주는 데 탁월한 효과를 가지고 있어 소양인에게 잘 맞는 식품으로 일상에서 보리차를 상용하는 것은 피가 맑아지는 데 도움이 많이 된다. 특히 보리가 가지고 있는 해열작용과 이뇨작용은 방광염으로 부기가 있을 때에도 좋다. 그러나 보리는 꿀과는 역궁합이니 함께 사용하지 않도록 한다.

호박 식혜

달고 따뜻한 성질	호박
보리	셀레늄 (Se) 함유
짜고 따뜻한 성질	방광염완화

*** 조리과정

1. 늙은호박은 껍질을 벗기고 속을 파내어 굵게 썰고 솥에 물을 1ℓ 부은 후 푹 삶아 고운체에 으깨가면서 내려놓는다.

2. 엿기름은 따뜻한 물(28℃) 2리터를 부어 1시간 담갔다가 주물러서 고운 체에 밭친다.

3. 찹쌀은 10분 정도만 불려서 찜기에 찐다.

4. 1과 2의 맑은 윗물에 3을 넣어 보온밥통에서 3~4시간 삭힌 후 솥에서 팔팔 끓인다.

5. 4가 끓을 때 가라앉은 호박과 엿기름물을 부어서 함께 끓인다. 이때 소금을 약간만 넣어준다.

6. 밥알을 건져서 찬물에 식힌다. 체에 밭쳐서 따로 냉장고에 보관하다가 먹을 때 띄운다.

국화주

달고 평이한 성질	국화
구기자 쓰고 찬 성질	베타인 (betain) 함유 시력강화

국화 200g, 구기자 100g, 소주 2ℓ

✳✳✳ 조리과정

1. 국화는 꽃과 잎을 깨끗이 씻어 물기를 닦는다.

2. 구기자는 나무껍질을 깨끗이 씻어 물기를 닦는다.

3. 항아리에 소주를 붓고 1과 2를 함께 넣어 밀봉하여 3개월간 저장한다.

구기자(拘杞子)

구기자는 1년 내내 먹을 수 있는 것으로서 특히 잎은 양고기와 함께 국을 끓여 먹으면 풍을 없애고 눈을 밝게 해주는 효과가 있다고 한다. 또한 소갈증에도 효과가 있다고 하니 차로 자주 마셔주는 것이 좋겠다.

국화(菊花)

감국은 구기자와 잘 어울리는 재료로서 평상시에는 차로 달여 마시는 것도 신경성으로 인한 두통에 도움이 된다.

유근피

느릅나무껍질을 말하는 것으로서 음력 2월에 흰 속껍질을 벗겨 햇볕에 말려 사용하고 열매는 음력 8월에 따서 사용한다. 조상들은 씨로 장을 담가 먹었다는 기록이 있는데 "폐기능을 활성시켜 기침이나 가래를 삭이는 데 효과가 있고 여러 가지 충이 죽어 음식이 잘 소화된다"라고 하였다 .

독활

독활은 바람에 요동하지 않고 바람이 불지 않을 때 혼자서 움직이는 풀이라고 하여 붙여진 이름이다. 장 속의 가스제거에 효능이 있어 닭모래집처럼,소화가 잘 안되는 음식과 함께 섭취하면 소화를 돕는다.

메추리알

'향약집성방' 의 '연의' 에 의하면 메추리는 음력 4월 전에는 먹어서는 안된다고 하였다. 또한 돼지고기와 같이 먹으면 작은 사마귀가 생기고 버섯과 함께 먹으면 치질이 생기며 팥과 생강과 메추리를 섞어 삶아 먹으면 설사와 이질이 멎는다고 하였으니 유념하기 바란다. 달걀에 비해 당질과 칼슘의 함량이 더 많으며 단백질과 지방은 유사하다.

어성초

생선비린내가 난다 하여 붙여진 이름의 어성초는 비늘이 없고 비린맛이 강한 식품에 활용하게 되면 오히려 생선의 비린내를 감소시켜 주는 기능을 가지고 있다. 서양에서는 주로 레몬이나 허브를 사용하는데 바로 그런 효과라고 보면 되겠다.

건강한 음식은 식재료와 조리방법도 중요하겠지만 음식을 담는 식기도 중요하다 .
자연도자기 전문가인 서랑 서정욱 선생님에게 약선기(藥膳器)의 이야기를 들어보자 .

도자기란 ?

예로부터 음식을 담는 그릇을 대표해온 도자기는 흙으로 만들어 1260도 이상 고온으로 구워진 도기(陶器)와 자기(磁器)를 총칭하는 말이다. 도자기 그릇의 종류로는 고령토로 만든 백자, 황토계열의 청자 그리고 백자와 청자기법을 동시에 사용해 만든 분청사기 등이 대표적이라 할 수 있다. 지방이나 산(酸)에 반응하는 플라스틱그릇이나 금속그릇과는 달리 생활도자기는 천연의 백자흙이나 청자흙을 정제하여 사용하므로 인체에 무해하다. 또 표면에 바르는 유리질의 유약은 나뭇재, 장석, 규석 등 천연광물을 이용해 만들어 무공해 그릇이라고 할 수 있다.

흙에 〈없음〉분류

1. 백자
   순백색의 바탕흙[胎土] 위에 투명한 유약(釉藥)을 씌워서 구운 자기. 현재 가장 대중적으로 많이 쓰이는 그릇으로 단단하고 얇고 음식을 돋보이게 하는 장점이 있다.

2. 청자
   유약 가운데 미량의 철분이 있어, 환원염(還元焰)에 의해 구워지는 과정에서 청록색을 띄는 자기. 맑은 하늘빛의 청자는 다기류나 외국인에게 기념품으로 않은 인기를 얻고 있다.

3. 분청사기
   청자의 몸체에 백토 분을 발라 장식한 도자기로 자연스럽고 다양한 기법이 있는 분청사기는 근래에 가장 인기 있는 도기류 중의 하나이다.

4. 다양한 생활자기
   다양한 기법과 유약을 이용한 현대적인 도자기들로 색이 있는 유약이나 다양한 장식기법을 이용하여 한식과 일식에 잘 어울리는 그릇이 많다(재유, 흑유, 백유, 이라보유, 시노유 등).

※ 참고로 오른쪽과 같은 유의사항을 알아두면 더욱 더 안전하고 아름다운 그릇을 사용할 수 있다.

테두리나 문양을 금 또는 은을 넣어 장식한 그릇은 장식이 벗겨질 수도 있으므로 금속 수세미로 닦지 않도록 주의하며 전자파에 약하므로 전자레인지에 넣는 것은 절대 금해야 한다.

유약표면에 미세한 균열이 있는 생활자기는 균열 사이로 미생물이 번식할 수도 있으므로 수분이 적은 음식을 담을 때 사용하는 것이 좋다.

입자가 큰 점토로 만들어 미세한 균열이 생기기 쉬운 분청사기의 경우 미리 뜨거운 물에 담가 물을 흡수시킨 다음에 사용해야 균열을 방지할 수 있다.

도자기 그릇은 바닥부분에 유약이 발려있지 않은 경우가 대부분이므로 구입 후 사포로 거친 굽부분을 문질러 말끔히 정리해주어야 식탁에 상처가 생기지 않는다.

Index
Index 찾·아·보·기

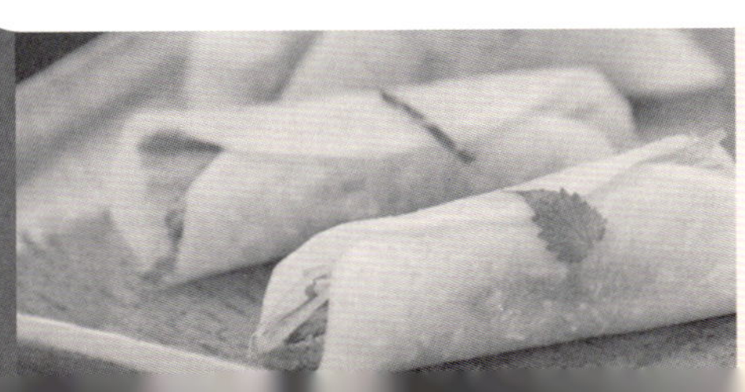

Index
Index
Index

찾·아·보·기

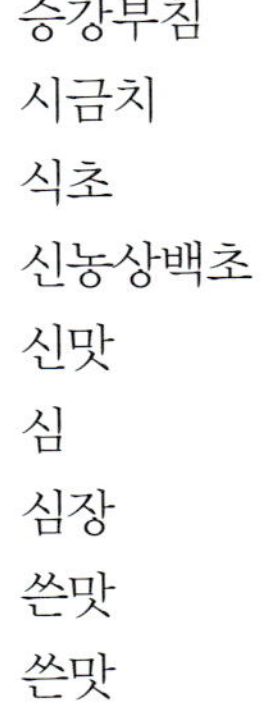

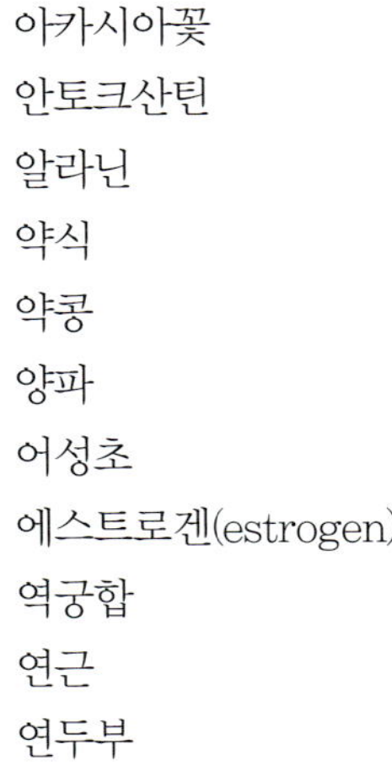

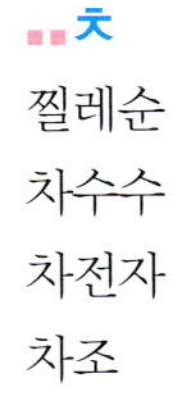

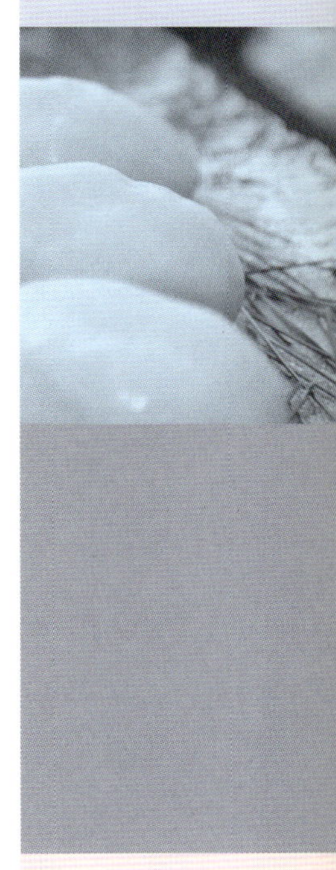

건강조리 메신저 차은정 박사의

계절약선 40膳 추동 편

초 판 인 쇄	2006년 11월 15일
초 판 발 행	2006년 11월 20일
저 　 　 자	차은정
발 행 인	김홍용
아트디렉터	류연희
사 진 작 가	임철민 · 윤민호
푸드스타일리스트	김유정
장 소 협 찬	서랑도예 · 경주꽃마을한방병원 ·

발 행 처　　도서출판 효일

서울특별시 동대문구 용두 2동 102–201

전화 : 02)928–6644 FAX : 02)927–7703

homepage　　www.hyoilbooks.com

e - m a i l　　hyoilbooks@hyoilbooks.com

등록 : 1987년 11월 18일 제 6–0045호